仿制技术P16

用修补工具去掉多余景物P17

路径抠图P21

通道抠图P24

蒙版抠图P26

动感模糊P28

模糊使照片的景深更强化P36

妙用色阶P42

快速色调转换P44

让天空更蓝P50

让绿草如茵P53

偏色照片的调整P56

补救阴暗天气造成的拍摄缺失P60

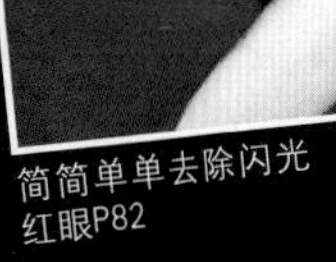

简简单单去除闪光红眼P82

最美的夕阳P58

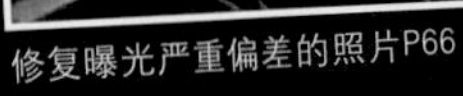

修复曝光严重偏差的照片P66

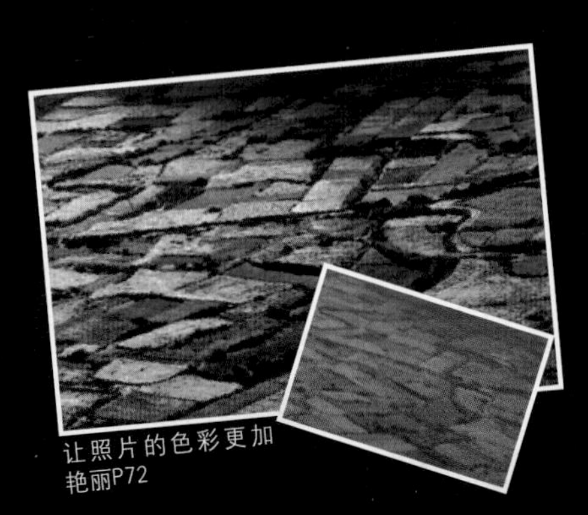

让照片的色彩更加艳丽P72

润泽的嘴唇P84

快速瘦身术P86

快速染发P88

换个喜欢的衣服颜色P90

像牛奶般白嫩的肌肤P92

让皮肤吹弹即破、光彩照人P95

创作Lomo效果P100

单色调照片效果P103

风景照的唯美效果P105

冬日雪景P108

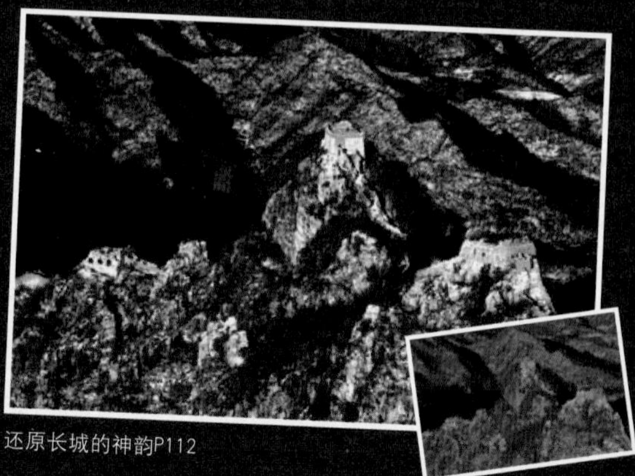
还原长城的神韵P112

还原失真的颜色P115

精确控制冷暖色调的季节变换P118

镜头柔焦短景深效果P121

梦幻柔焦效果P123

气氛浪漫的剪影照片P125

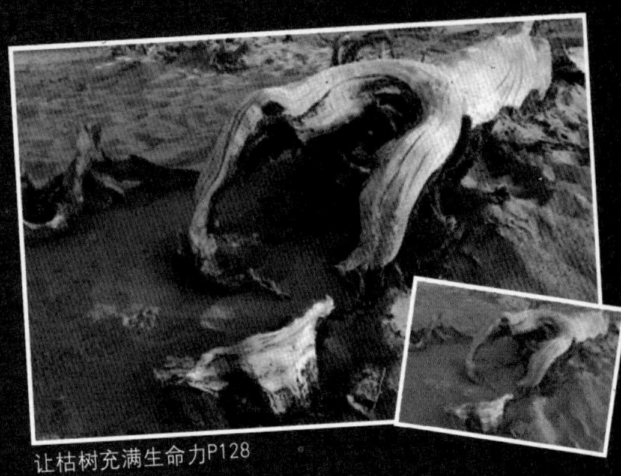

让枯树充满生命力P128

让照片更具感染力P130

雪景的金色效果P138

打造铅笔勾勒的素描效果P150

黑白淡雅效果P170

增强年代感P182

让每张照片都成为佳作的
Photoshop后期技法

数码创意　编著
飞思数字创意出版中心　监制

電子工業出版社
Publishing House of Electronics Industry
北京·BEIJING

内容简介

本书针对数码摄影中常见的技术瑕疵、数码照片常见缺陷以及数码照片艺术化效果的需求等，精选66个典型的人像、景物、风光照等后期处理案例，根据难易程度和不同处理类型，从数码修片基本知识、数码照片简单调整、色彩明暗与清晰度修正、瑕疵美化、气氛营造、绘画与艺术效果、黑白影像处理七个方面详尽介绍了用图像处理专家Photoshop进行数码照片后期处理的技巧、方法和创意，精心打造完美照片效果。

本书内容丰富，每个案例都有原照片和处理后图片的效果对比，调节效果突出、醒目，案例操作步骤详细、图文并茂，所用方法简便快捷。

本书适合广大摄影爱好者、专业摄影师及相关从业人员。

附书DVD光盘内容为书中所有案例的原始照片（JPEG格式）和最终效果图源文件（PSD格式）。

未经许可，不得以任何方式复制或抄袭本书之部分或全部内容。

版权所有，侵权必究。

图书在版编目（CIP）数据

让每张照片都成为佳作的Photoshop后期技法 / 数码创意编著．—北京：电子工业出版社，2010.10

（爱摄影）

ISBN 978-7-121-11571-4

Ⅰ．①让… Ⅱ．①数… Ⅲ．①数字照相机－图像处理 Ⅳ．① TP391.41

中国版本图书馆CIP数据核字(2010)第157098号

责任编辑：姜　伟

文字编辑：黄梅琪

印　　刷：
装　　订：北京外文印务有限公司

出版发行：电子工业出版社

北京市海淀区万寿路173信箱　　邮编：100036

开　　本：720×1000　1/16　印张：12.25　字数：372.4千字

印　　次：2010年10月第1次印刷

印　　数：5 000册　　定　　价：55.00元（含DVD光盘1张）

凡所购买电子工业出版社图书有缺损问题，请向购买书店调换。若书店售缺，请与本社发行部联系，联系及邮购电话：（010）88254888。

质量投诉请发邮件至zlts@phei.com.cn，盗版侵权举报请发邮件到dbqq@phei.com.cn。

服务热线：（010）88258888。

前言 Preface

数字生活时代，人们渐渐地爱上用手中的数码相机去拍摄大千世界的美好瞬间，记录成长过程，表达情感、传递爱。然而，拍摄时您是否能随心所欲地用手中的“爱机”快速捕捉称心如意的画面？您是否了解数字暗房技术能像魔术师一般把您的照片变得美轮美奂？

《爱摄影》丛书为爱上摄影的您量身打造了数码摄影学习计划，提供全方位的帮助，从数码相机选购、使用指南、拍摄技法、构图和曝光到后期处理，书中精心设计的“授人以渔”的学习方法、无限的创意思路、方便实用的技术手段，从零开始帮助您快速掌握数码摄影核心技术。

如果您是初学者，跟随本丛书学习，您会惊喜地发现，“原来摄影如此简单，我也可以成为一名摄影师了”；如果您是摄影发烧友或专业摄影师，同样能从每本书中汲取灵感、寻找至胜法宝，拍出更具视觉冲击力的作品。

《爱摄影》丛书共分8册，下面简要介绍每本书内容，您可以根据自己的需要进行选择。

《关于数码单反那些事儿》：熟悉数码单反相机，进入数码摄影殿堂。

《构图和曝光，其实没那么难》：成功作品两大基本法则分类阐述。

《速查速会，玩转摄影》：摄影专业词汇，快速查找快速理解。

《摄影师的那些技法，一学就会》：摄影大师作品的成功之道。

《旅行拍摄，轻松搞定》：如何拍出吸引他们眼球的旅游摄影作品。

《让美女爱上你的这些摄影技法》：如何与她做“心的交流”，是本书要教会您的。

《你也能拍出美丽的风光照片》：将平凡的景色拍出“不平凡”。

《让每张照片都成为佳作的Photoshop后期技法》：掌握数码照片处理的更多秘密。

爱摄影学习之路

零基础		进入摄影师的殿堂	成为数码暗房高手
《关于数码单反那些事儿》	数码摄影两大法则	《构图和曝光，其实没那么难》	《让每张照片都成为佳作的Photoshop后期技法》
	汇总摄影专业词汇	《速查速会，玩转摄影》	
	和摄影师学习拍摄	《摄影师的那些技法，一学就会》	
	外出游玩	《旅行拍摄，轻松搞定》	
	为美女拍照	《让美女爱上你的这些摄影技法》	
	表现迷人的景色	《你也能拍出美丽的风光照片》	

目录 Contents

Part 01 基本知识篇

Part 02 简单调整篇

Part 03 色彩明暗与清晰度修正篇

Part 04

瑕疵美化篇

Part 05

气氛营造篇

Part 06 绘画与艺术效果篇

Part 07 黑白影像处理篇

爱 摄 影

Part 01

基本知识篇

数码暗房

传统胶片时代，摄影师要通过在暗房中冲洗和放印照片来实现对影像的控制水平，这道冲印工序是照片制作中的一个重要环节，可以对原片进行修饰。但这个过程是极其繁琐的，并且要在漆黑的暗房中忍受化学药品的刺鼻气味，使人倍感辛苦。

尽管传统暗房有它独特的魅力，但不可否认，进入数码时代以后，照片的后期调整更加方便、快捷了。世界变化得太快了，数码影像的品质和尺寸以难以置信的速度提高着。伴随这一提高的过程，一些廉价的、容易掌握的图像软件出现了，这些软件可以在绝大多数标准配置的电脑上运行，并且能够让控制照片的视觉效果千变万化，甚至是天马行空般神奇。这也就是本书所要讲述的内容：通过图像软件控制拍摄以后的照片的视觉效果，即数码暗房。

在数码暗房，我们用不着传统暗房中常见的显影液、定影液和相纸等，只需要将用数码相机拍摄所得的图像上传至电脑，然后导入图像软件中进行调整就可以了。Adobe Photoshop软件是最为强大和常用的图像处理软件，应用此软件可以在曝光、对比度和色彩方面获得与传统暗房同样的控制效果，甚至可以做得更多更好，比如彩色变黑白的效果：

▪ 光圈F5.6 ▪ 快门速度1/40s ▪ ISO100 ▪ 焦距85mm ▪

✔ 在数码暗房中可以对彩色照片进行黑白转换，并且为了增强效果，加入了淡淡的泛黄色调

✔ 使用数码相机拍摄的彩色照片

说明

数码暗房的功能十分强大，但不意味着前期拍摄可以马马虎虎。数码暗房和传统暗房一样，都是为了更好地表现效果，有些“废片”无论怎么修饰，也是达不到理想效果的。

显示器的选择

我们在电脑中处理作品，无论是使用数码相机的数据线上传图像，还是通过扫描仪输入图片，在数码暗房中进行照片修饰时，都要在电脑的显示器上观察照片的修饰效果。但是很多时候，我们所得到的最终效果和预期的效果却大相径庭；显示器与作品色彩之间的差异、亮度和对比度的差异等等，以至于有时怀疑自己的图像处理方法是否正确！

其实这些后果往往是由于显示器的显示效果所导致的。电脑的主机固然重要，但是显示器作为电脑的“脸”也同样不容忽视。现有的显示器分为CRT和LCD两种，那么在进行数码暗房工作时，应该选择哪种显示器比较合适呢？

CRT显示器是一种使用阴极射线管（Cathode Ray Tube）的显示器，CRT显示器出现的时间较早，曾经一度占领电脑市场，如今已经渐渐被轻薄轻便的LCD显示器所取代。但和LCD显示器相比较，CRT纯平显示器具有可视角度大、无坏点、色彩还原度高、色度均匀、可调节的多分辨率模式、响应时间极短等LCD显示器难以超过的优点。

LCD显示器即液晶显示屏（Liquid Crystal Display），优点是机身薄，占地小，辐射小，给人以一种健康产品的形象。LCD显示器呈现的图像更清晰，对比度更高，但色彩不够鲜艳。LCD显示器还很容易出现失真的情况，因为液晶显示屏是通过反射外来光源构成主要光源，只有在足够的灯光下，才能够看到不错的效果。尽管有些LCD显示器也能达到专业级水准，但通常价格昂贵。

方便手动校准的CRT显示器

轻便的LCD显示器

相比之下，在后期处理中，大多数摄影师还是选择CRT显示器。虽然它容易受到温度波动而影响图像质量，但是却方便手动校准，这样可以最大限度地缩小显示器展示照片和打印机打印照片的颜色差别。如果在开启显示器20分钟以后再使用，就可以避免温度波动带来的影响。

说明

“校准”在英文中称为calibration，有“校准、调整、调节为正确”的意思。在这里是指补正扫描仪、显示器、图像处理软件和打印机等输入输出设备之间的色彩及亮度等参数至统一的方法。我们这里所说的显示器色彩校准，目的是要把图片原稿忠实地显示在电脑屏幕上，以便于做下一步的处理。如果使用CRT显示器进行后期处理，建议每周都要做一次校准。

编辑软件的选择

照片上传至电脑以后，必须要使用适合的软件才能进行图片处理。在前面我们已经了解到，Adobe Photoshop是后期处理中最常用的图像处理软件，始于20世纪90年代，是Adobe公司旗下最著名的图像处理软件之一，集图像扫描、编辑修改、图像制作、广告创意、图像输入与输出于一体，深受广大平面设计人员和电脑美术爱好者的喜爱，被广大摄影爱好者广泛使用。

Adobe Photoshop之所以这么受欢迎，原因主要有两点：首先，软件操作的界面很适合系统的工作流程，并易于掌握常见的操作；第二，它具备一般摄影师以及图片商用所要求的工具和属性。因此在日新月异的数码时代，为了成为一名出色的摄影师，熟练掌握图像处理软件是非常必要的。

Adobe Photoshop CS4

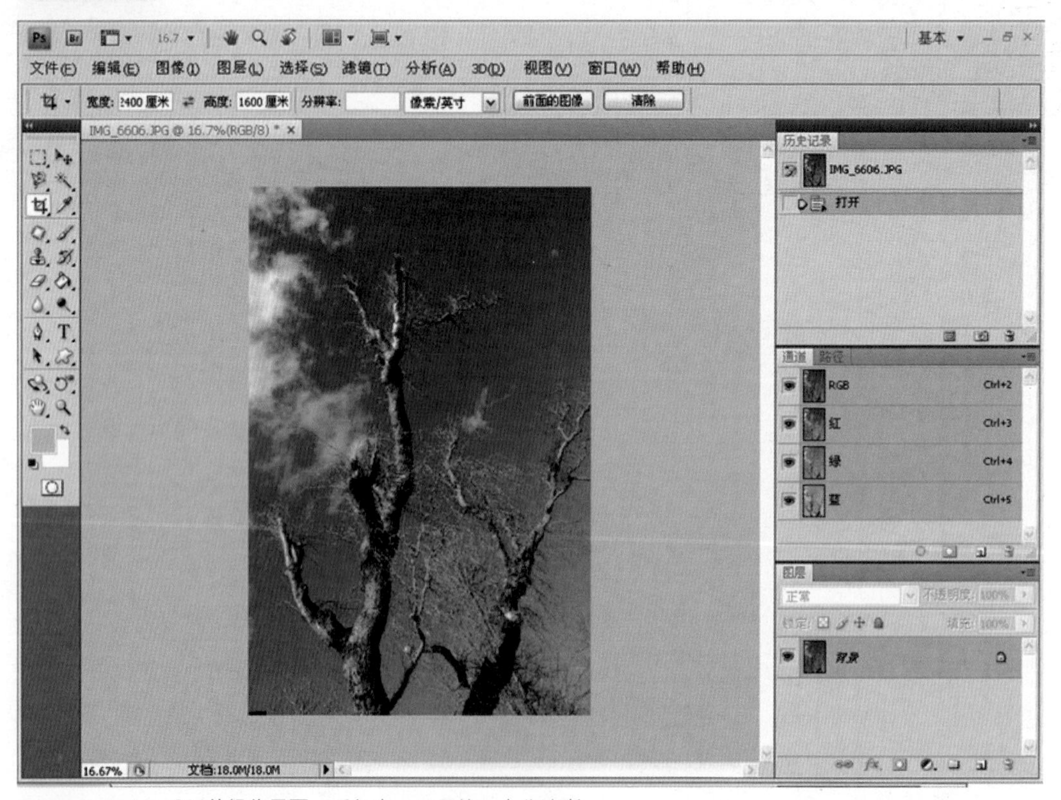

Adobe Photoshop CS4的操作界面，看起来一目了然，十分清晰

说明

CS是Adobe Creative Suite一套软件中后面2个单词的首字母缩写，代表"创作集合"，是一个统一的设计环境。

数码照片存储格式的选择

JPEG格式是数码相机所提供的最为常见的照片拍摄储存档案格式，数码单反相机为我们提供了TIFF和RAW格式的拍摄存储方式。这些格式的特性有所不同，在对它们有所了解之后，才能做出正确的拍摄存储方式的选择。

JPEG格式数码照片是经过相机内部芯片计算处理之后诞生的，包括照片的锐度、色彩、反差、色温等等，也就是说，JPEG格式意味着相机在拍摄的时候，已经在机内处理了图像，许多宝贵的信息就在相机处理图像的过程中流失掉了。

RAW格式就像是一张“永远的新底片”，它包含了所有数码相机传感器未处理的图像数据。采用RAW格式拍摄，就能够获得纯粹的未经修饰的图像数据，我们可以在不损坏原始图像数据的情况下进行多次处理和转换。不仅如此，将RAW格式的文件放入Photoshop中时，还可以进行色温、曝光、对比度等多种变量的读取和编辑。

在Photoshop软件中，可以对RAW格式的文件进行更广泛的调整

说明

RAW的本意是“生肉、未加工的”，在数码摄影领域，我们把它定义为“原始图像数据存储格式”。这种文件记录的是“原汁原味的”感光信息。

但RAW格式也有它的缺点，由于携带了大量的原始信息，会占用过多的存储空间。不仅如此，当拍摄完毕以后，在电脑上挑选照片，查看文件缩略图时，RAW格式文件不会显示出来，这就给选片带来了一定的困难。这意味着在电脑屏幕前要消耗更多的时间。为了使拍摄结束后浏览、修饰照片更加方便，可以将影像的尺寸设定为“RAW+JPEG”，同时JPEG格式可以尽量小一些，因为这里只是为了查看其所对应的RAW格式的缩略图。这样一来，查看照片的速度就很快了，同时根据JPEG能够迅速找到所要选定照片的RAW格式，然后再进行后期调整，就能快速得到自己满意的效果了！

设置“RAW+JPEG”的拍摄文件格式

通过JPEG的缩略图查看RAW文件

经过以上分析，我们得出一个结论，RAW格式不是万能的，但是利用它进行数字暗房的调整，是有实实在在的优势的。如果你想获得更好的数字影像，最好在前期拍摄的时候准备一张大的内存卡，拍摄RAW格式的照片。

图片的元素

数码影像的像素、分辨率和影像尺寸会影响最终文件的大小。

如果将传统相片放大，凑到眼前仔细观察，会看到圆点样的颗粒。如果凑到电脑屏幕前观看一张照片，同样可以看到数字颗粒——像素。数码相机拍摄的照片影像，都是由一个个“像素”组成的。和传统影像不同的是，像素是一个个的小方格，如果把数码照片在电脑上放至很大，就可以看到这些小方格。

▪ 光圈F3.5 ▪ 快门速度1/500s ▪ ISO200 ▪ 焦距200mm ▪

✓ 数字影像，含苞待放的莲花

将数字影像局部放大后看到的像素

分辨率（Resolution）是指影像清晰度或浓度的度量标准。分辨率有许多种，数码相机分辨率的高低决定了所拍摄的影像最终能够打印出高质量画面的大小，或在电脑显示器上所能够显示画面的大小。举例来说，分辨率代表垂直及水平显示的每英寸点（dpi）的数量。在一个固定的平面内，分辨率越高，意味着可使用的点数越多，图像越细致，所以影像的打印尺寸也就越小。下图所代表的就是同一尺寸大小的画面里，分辨率越高，所能显示的像素就越多，即能够看到更多的范围。

2英寸

800dpi

在相同的区域内，不同分辨率情况的比较

从上述内容可以得出一个结论：文件的大小不一定就代表印刷输出的尺寸。比如1600像素×1200像素的72dpi影像，其印刷尺寸是56.44cm×42.33cm，但2400像素×1800像素的300dpi影像，印刷尺寸却是20.32cm×15.24cm。所以我们可以说，印刷尺寸取决于图像的分辨率，而真实大小取决于像素的数量。

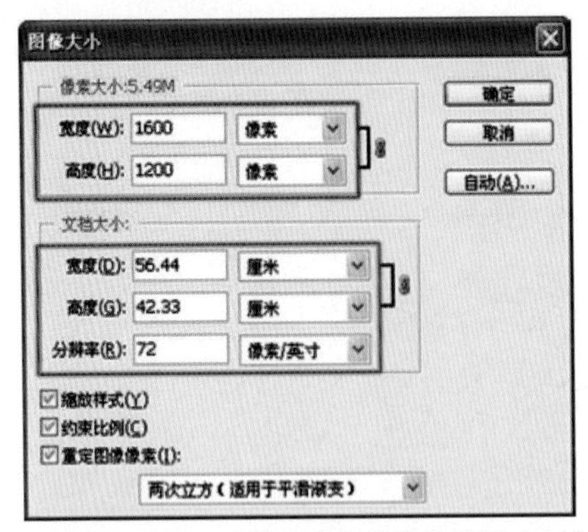

图像的大小不一定就代表印刷输出的尺寸大小

如果想改变图像的大小可以执行“图像→图像大小”命令，或按下快捷键“Ctrl+Alt+I”，就会弹出上图所示的窗口，还可以调整图像的分辨率大小。如果关闭“重定图像像素”功能，可以在文件大小固定的情况下去改变输出的尺寸大小。

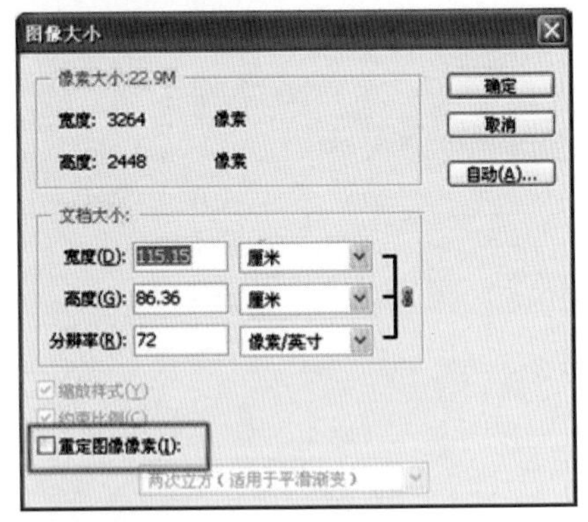

重定图像像素

在Photoshop中，按下快捷键“Ctrl+R”，可以在图像视窗中显示出一个标尺。在标尺上单击鼠标右键，可以选择尺寸大小的单位。如果按着“Alt”键去点图像视窗左下边的资讯列，就会立即显示这个图像的像素与分辨率。

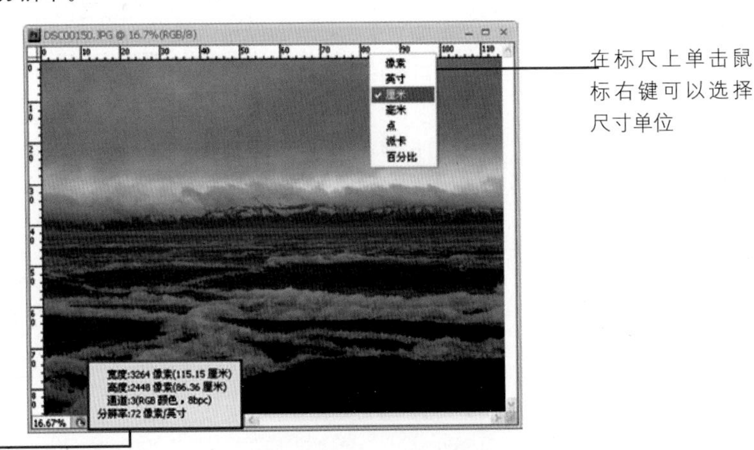

Photoshop软件功能非常强大，有些人就认为照片上的所有问题都可以得到良好的修复。实际上并非如此，在修片之前，我们必须有的观念就是，照片修复程度的好坏取决于拍摄时所记录的细节：原始文件的细节保存越完好，修复的效果也越好；反之亦然。所以，如果想在原片的基础上修出更好的效果，就一定要保证原片的质量。

▪ 光圈F16 ▪ 快门速度1/50s ▪ ISO100 ▪ 焦距70mm ▪

✔ 由于原片的细节保留较好，因此才经得起反复调整，获得如此明快的效果

✘ 曝光不足的原片，虽然整体比较暗淡，但细节部分保留完好

技巧提示

修片虽然能够让原片看起来效果更好，但实际上也是破坏细节降低品质的行为，因此修片后保存的图片千万不要将原片覆盖。

在修片结束后，不仅应该妥善的保存原始文件，在保存修后的图像时，也应该尽量选择不会破坏图像的保存格式。一般人都会考虑将修复后的图像保存为JPEG格式，因为JPEG格式应用的场合比较广泛，便于查看。但JPEG格式并不适用在修片阶段，因为每存储一次JPEG格式，文件就会被压缩一次，影像的细节在多次存储中就会大量流失。

为此，我们建议先存储为TIFF格式或RAW格式，以防还有修片的需要，待到真正需要使用图像的时候，再依照适用的场合存储为适当的格式，比如如果要上传到网页，另存为JPEG格式比较好。

一定要懂的图层观念

要发挥Photoshop强大功能，就必须理解“图层”的概念。如果仔细阅读本书，就会发现大部分范例在开始之前，都要利用到各种图层的功能。那么图层为什么如此重要呢?

通过Photoshop的图层面板我们可以看到，单独的一张图片放置进去，就出现了一个单独的“背景”图层。通过图层面板下方的工具条，我们很容易做到“复制图层”、“新建图层”、“删除图层”等操作。图层就如同堆叠在一起的纸张，可以透过图层的不透明度设置显示下面的图层，也可以移动图层来定位图层上的内容，就像变换上下纸张之间的关系一样。同时，也可以使用图层来执行多种任务，如复合多个图像、向图像添加文本或添加矢量图形形状等，可以应用图层样式来添加特殊效果，如阴影或发光效果。最重要的一点，图层可以使图像在应用滤镜或者是各种效果时不造成任何破坏，便于以后能够调整或恢复添加滤镜前的效果。

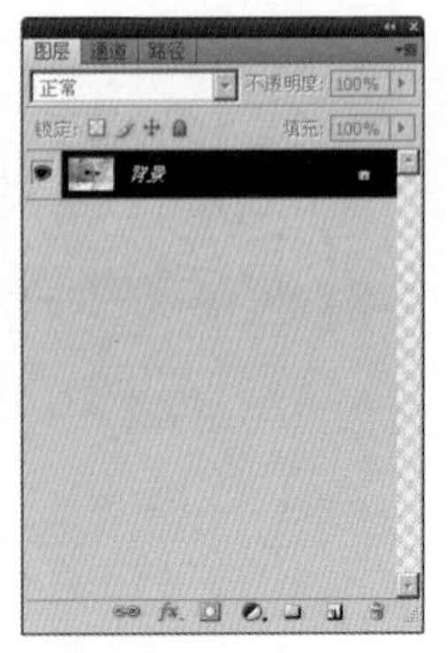

图层操作面板

简单的图层复制可以规避图像处理时不必要的麻烦

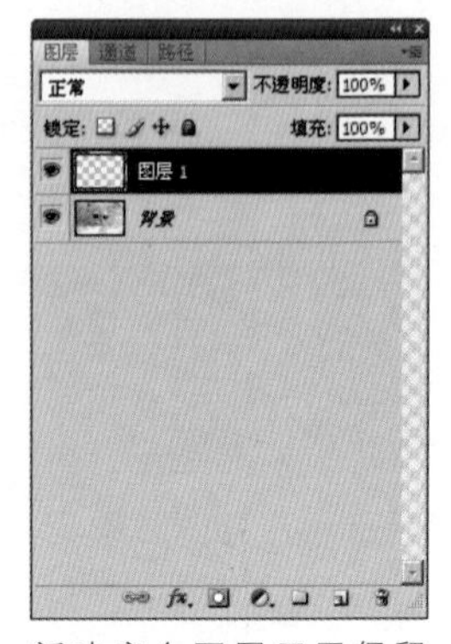

新建空白图层用于保留添加到图片上的特殊效果，并可以随时删除

在图层操作面板里，可以完成对照片色彩、对比度等内容的调整，并且不伤害原始图片信息

图层面板中，“混合模式”设定功能非常实用，可以使图片变换出很多特别的影像效果，这对于喜欢后期照片处理的朋友来说，帮助非常大，本书后边讲到的多个实例都有利用到“混合模式”选项。

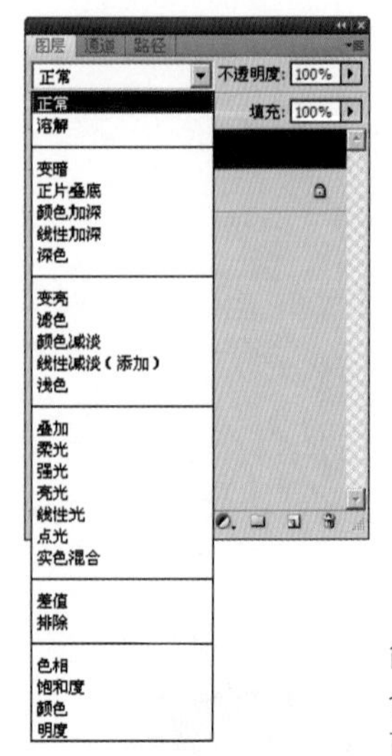

简单实用的图层“混合”模式能产生多种画面效果

爱 摄 影

Part 02

简单调整篇

修正倾斜的水平线

调整效果

原图效果

在拍摄的过程中，有时会拍出一些倾斜的照片，使得画面不够完美。使用Photoshop软件中的标尺和裁剪工具进行修改，可以调整照片的水平线。

难易度 标尺工具 裁剪工具 

① 执行“文件”/“打开”命令，在弹出的“打开”对话框中选择随书光盘中的“素材 1”文件，图像及其图层面板如下图所示。

② 单击工具箱中的“标尺工具”按钮，沿着画面的倾斜方向绘制一斜线，效果如下图所示。

修正倾斜的水平线

3 执行菜单栏中的“图像”/“图像旋转”/“任意角度”命令，在弹出的“旋转画布”对话框中单击“确定”按钮，得到效果如下图所示。

4 单击工具箱中的“裁剪工具”按钮，将需要的画面部分进行框选，如下图所示。

5 将鼠标指针放在选框中双击（或按【Enter】键）确认，结束编辑，得到图像的最终效果如下图所示。

6 另一种调整方法。在Photoshop CS5中，选择工具箱中的“标尺工具”在素材图像中如下图所示的位置拖动标尺，观察图像效果。

7 在“标尺工具”属性栏中单击“拉直”按钮，直接将倾斜的照片调整好，得到的效果如下图所示。

自由裁切成想要的尺寸

调整效果

在拍摄的过程中，有时会拍出一些令自己不满意的照片，不是人物小就是画面背景大，人物不突出，构图不理想。通过使用Photoshop软件中的裁剪工具可以将照片自由裁切成满意的照片效果。

原图效果

难易度

裁剪工具

① 执行“文件”/“打开”命令，在弹出的“打开”对话框中选择随书光盘中的“素材 1”文件，图像及其图层面板如右图所示。

自由裁切成想要的尺寸

2 单击工具箱中的“裁剪工具”按钮，在工具属性栏中设置想要的“宽度”和“高度”，将需要的画面部分进行框选，按空格键可移动方框，效果如下图所示。

3 框选完后按【Enter】键结束编辑，我们得到了一个宽为“10厘米”，高为“16厘米”的图像，效果如下图所示。

4 在Photoshop CS5中，“裁剪工具”有所变化，在工具属性栏中设置想要的裁剪等分，将需要裁剪的部分进行框选，按空格键可移动方框，效果如下图所示。

5 将需要裁剪的部分进行等分，可以更精准地裁剪出所需要的图像，确定框选后按【Enter】键结束编辑，得到如下图所示的效果。

调整效果

原图效果

仿制图章工具可以将一个图像变换成多个图像，也可以随意将一块颜色替换成另一块颜色。通过下面的实例，我们来了解一下仿制图章工具的功能。

难易度　　　　仿制图章工具 

1）执行“文件”/“打开”命令，在弹出的“打开”对话框中选择随书光盘中的“素材 1”文件，复制“背景”图层得到“背景 副本”图层，如下图所示。

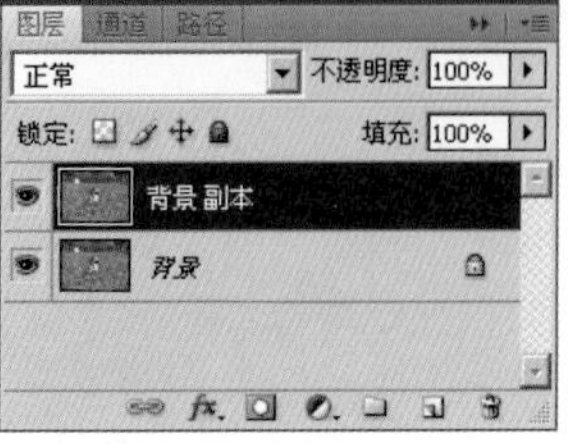

2）单击工具箱中的“仿制图章工具”按钮，在工具属性栏中设置其参数，按住【Alt】键在图像中“小狗”的位置单击鼠标左键选定要仿制的对象，如下图所示。

仿制技术

③ 将鼠标指针向右移动，按住鼠标左键进行仿制绘制，绘制完成后，释放鼠标左键，图像中出现了两只小狗，效果如右图所示。

用修补工具去掉多余景物

调整效果

在拍摄的过程中，有时拍出的一些照片会有多余的景象，使得画面不够完美。使用Photoshop软件中的修补工具可以将照片中多余的景物去掉。

原图效果

用修补工具去掉多余景物

难易度　　　　修补工具

1 执行“文件”/“打开”命令，在弹出的“打开”对话框中选择随书光盘中的“素材 1”文件，复制“背景”图层，得到“背景 副本”图层，如下图所示。

2 单击工具箱中的“修补工具”按钮，设置工具属性栏中的参数，然后在图像中框选出站立的人物的上半身，生成选区，将鼠标指针放置在选区内，当出现如图所示的光标状态时，向右拖动鼠标，效果如下图所示。

修补: 源 目标 透明

3 当选区被拖动到空白区域时，释放鼠标左键，人物的上半身就被替换了，得到效果如下图所示。

4 继续使用工具箱中的“修补工具”，框选出人物的下半身区域，生成选区后向右拖动鼠标，效果如下图所示。

用修补工具去掉多余景物

5) 选区被拖动到空白区域时，释放鼠标左键，人物的下半身也被替换了，得到如下图所示的效果。

6) 利用“修补工具”，使用上面相同的方法，将站立的人物完全去除，制作过程中可配合使用上一节讲到的仿制图章工具，图像最终效果如下图所示。

调整图像尺寸与分辨率

调整效果

原图效果

本例讲解的是调整图像的尺寸与分辨率，是“无损缩放照片大小”的操作方法，主要通过“图像大小”命令进行操作，具体操作步骤如下。

调整图像尺寸与分辨率

难易度　　　　图像大小

① 执行“文件”/“打开”命令，在弹出的“打开”对话框中选择随书光盘中的“素材 1”文件，复制“背景”图层，得到“背景 副本”图层，如下图所示。

② 执行菜单栏中的“图像”/“图像大小”命令，在弹出的“图像大小”对话框中可以观察该图片的“尺寸”、“大小”以及“宽度”、“高度”、“分辨率”等参数，如下图所示。

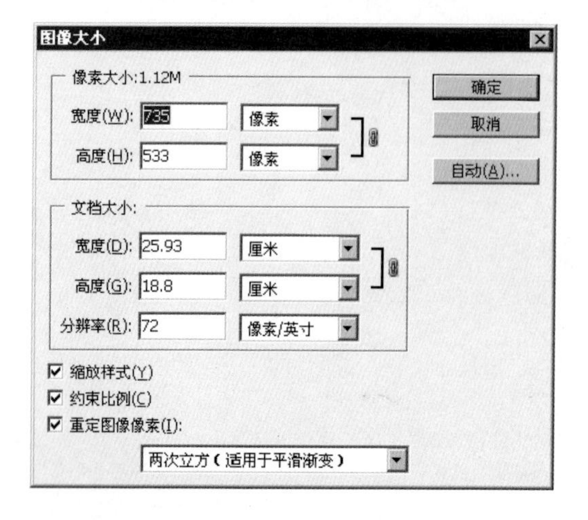

③ 在对话框中单击“重定图像像素”复选框，取消选项重新设置图像大小，并更改“宽度”为50厘米，此时可以观察到图像的“高度”和“分辨率”也随着“宽度”的变化而变化，但是不会影响到图像的“像素大小”，如下图所示。

图像大小
像素大小:1.12M
宽度: 735 像素
高度: 533 像素
文档大小:
宽度(D): 50 厘米
高度(G): 36.26 厘米
分辨率(R): 37.338 像素/英寸
缩放样式(Y)
约束比例(C)
重定图像像素(I):
两次立方（适用于平滑渐变）
确定
取消
自动(A)...

④ 在对话框中也可以缩小照片尺寸，同样更改“宽度”为6厘米，观察如下图所示的变化。

图像大小
像素大小:1.12M
宽度: 735 像素
高度: 533 像素
文档大小:
宽度(D): 6 厘米
高度(G): 4.35 厘米
分辨率(R): 311.15 像素/英寸
缩放样式(Y)
约束比例(C)
重定图像像素(I):
两次立方（适用于平滑渐变）
确定
取消
自动(A)...

调整图像尺寸与分辨率

5 更改完后单击“确定”按钮，然后单击工具箱中的“缩放工具”，在工具属性栏中单击“打印尺寸”命令，此时可以观察到打印尺寸，如下图所示。

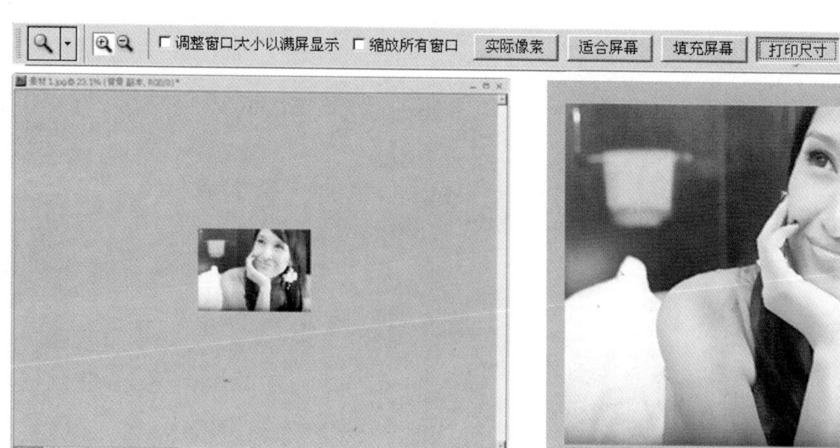

路径抠图

调整效果

原图效果

本例讲解的是将一张小狗的图片通过“路径”进行抠图，然后合成到另一张图像当中。制作重点是将图像中的小狗和另一场景进行合成时注意其投影的制作，添加投影才能达到真实的效果。

路径抠图

难易度 路径工具 钢笔工具

1）执行“文件”/“打开”命令，在弹出的“打开”对话框中选择随书光盘中的“素材 1”文件，如下图所示。

2）使用工具箱中的“钢笔工具”，在工具选项栏中单击“路径”按钮，绘制出“狗”的轮廓路径，得到如下图所示的效果。

3）切换到“路径”面板，单击底部的“将路径作为选区载入”按钮，图像中小狗被载入选区了，得到效果如下图所示。

4）执行“文件”/“打开”命令，在弹出的“打开”对话框中选择随书光盘中的“素材 2”文件，图像及其图层面板如下图所示。

5）使用工具箱中的“移动工具”，将“小狗”移动到“素材2”图像中，自动生成“图层1”图层，按【Ctrl+T】自由变换命令将小狗图像等比例缩小，效果如下图所示。

6）按住【Shift+Alt】键将其等比例缩小，置于如图所示的位置，调整完成后按【Enter】键结束编辑，如下图所示。

7 拖动“图层 1”图层到图层面板底部的“创建新图层”按钮 上，对图层进行复制操作，得到“图层1 副本”图层，并将其置于“图层1”下方，图层面板如下图所示。

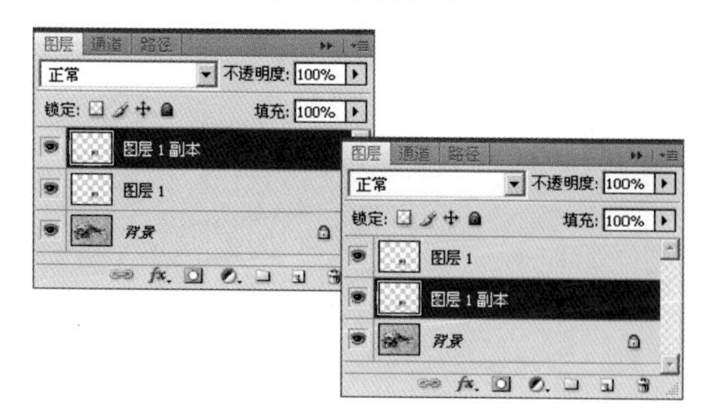

8 隐藏“图层 1”图层，按住【Ctrl】键，单击“图层1 副本”图层将图像载入选区，然后填充为黑色，得到如下图所示的效果。

9 显示“图层 1”图层。选择“图层1 副本”图层并将其不透明度设置为“50%”，然后使用工具箱中的“移动工具” ，将图像向左移动到如下图所示的状态。

10 确定“图层1 副本”图层为当前操作图层，执行菜单栏中的“滤镜”/“模糊”/“动感模糊”命令，设置弹出的“动感模糊”对话框中的参数后单击“确定”按钮，得到图像的最终效果如下图所示。

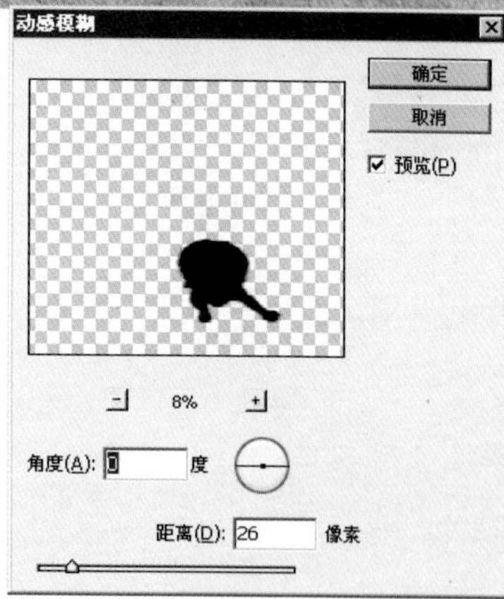

通道抠图

本例讲解的是将一张飘逸头发的图片通过“通道”进行抠图。制作重点是将图像中的人物和背景分离，达到黑、白两色区域，然后在通道里将白色区域载入选区，进行抠取，具体操作步骤如下。

调整效果

原图效果

难易度　　　通道　加深工具

① 执行“文件”/“打开”命令，在弹出的“打开”对话框中选择随书光盘中的“素材 1”文件，如下图所示。

② 切换到“通道”面板，复制“蓝”通道，得到“蓝 副本”，如图（右上）所示。

③ 执行菜单栏中的“图像”/“调整”/“色阶”命令，在弹出的“色阶”对话框中设置其参数，然后单击“确定”按钮，得到效果如图（右下）所示。

4）按【Ctrl+Shift+I】键执行“反向”命令，图像中的黑白元素进行了互换，得到如下图所示的效果。

5）使用工具箱中的“画笔工具”并设置适当的画笔大小和不透明度，在人物的区域中进行涂抹，得到如下图所示的效果。

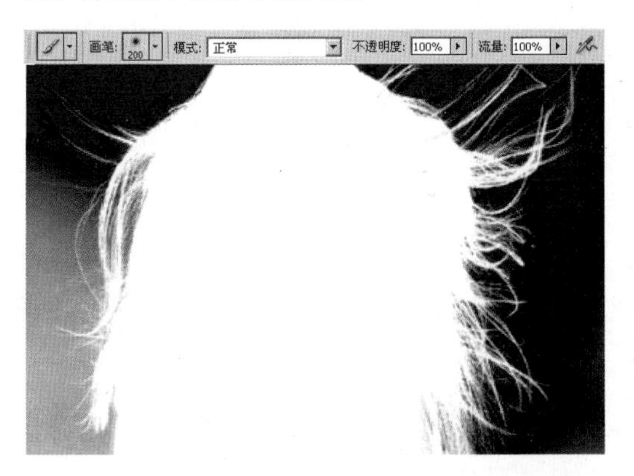

6）使用工具箱中的“加深工具”，在工具属性栏中设置适当的画笔大小，在范围内选择“阴影”，然后加深图像中的暗部区域，得到效果如下图所示。

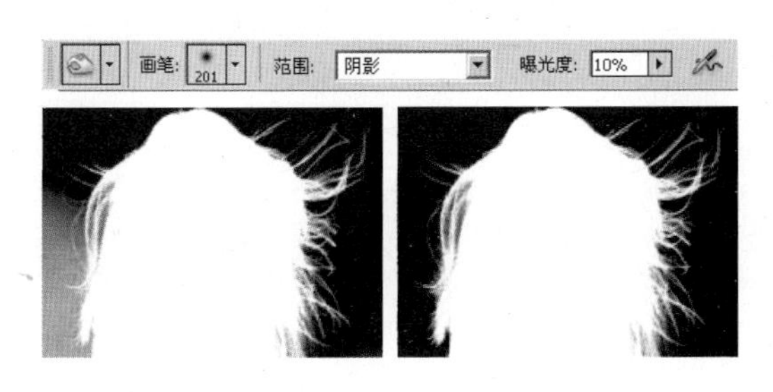

7）按【Ctrl+L】键执行“色阶”命令，设置弹出的“色阶”对话框中的参数后单击“确定”按钮，图像的黑白对比更强烈了，效果如下图所示。

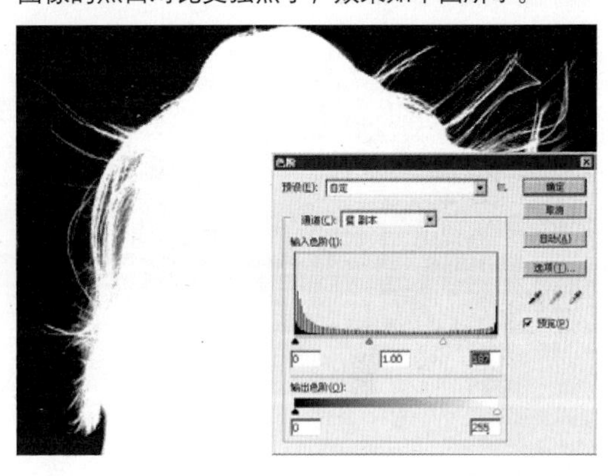

8）单击“通道”面板底部的“将通道作为选区载入”按钮，图像中的白色区域被载入选区了，得到效果如下图所示。

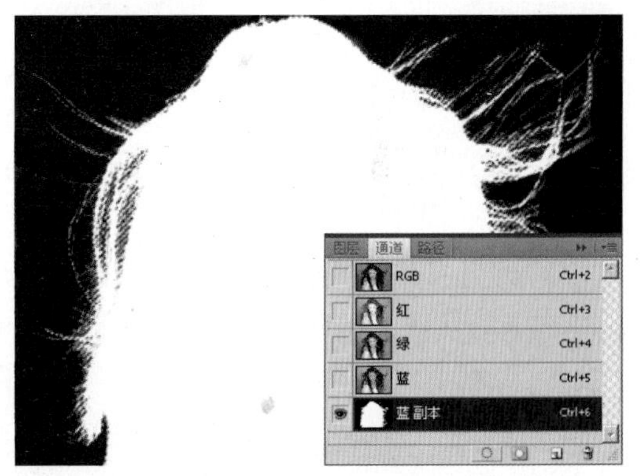

9）切换到“图层”面板，双击“背景”图层，在弹出的“新建图层”对话框中单击“确定”按钮，将锁定的“背景”图层转换为普通图层，效果如下图所示。

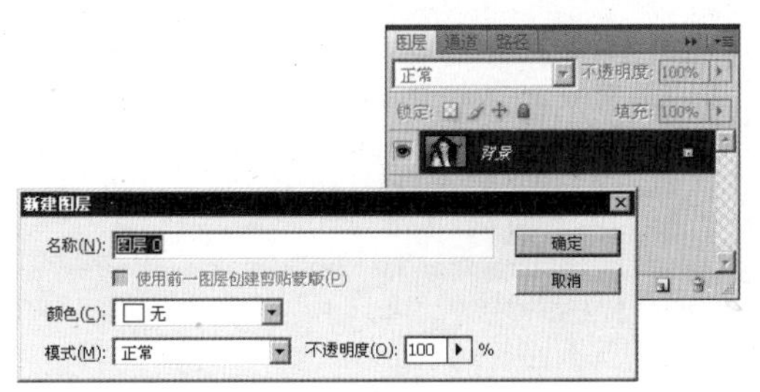

通道抠图

10 单击“图层 0”图层，通道中载入的选区在图像中生成了，图像效果及其图层面板如下图所示。

11 按快捷键【Ctrl+J】执行“图层”/“新建”/“通过拷贝的图层”命令，得到“图层1”图层，选区内的图像在“图层 1”中自动生成，图像就被抠出来了，效果如下图所示。

蒙版抠图

调整效果

原图效果

本例是利用Photoshop软件中的“蒙版”进行抠图。制作重点是为图像添加图层蒙版，利用画笔工具进行涂抹修饰，具体操作步骤如下。

难易度 灰度模式 高斯模糊

1 执行“文件”/“打开”命令，在弹出的“打开”对话框中选择随书光盘中的“素材 1”文件，如图a所示。

2 执行“文件”/“打开”命令，在弹出的“打开”对话框中选择随书光盘中的“素材 2”文件，如图b所示。

3）按【Ctrl+A】键将“素材 2”图像选中，使用工具箱中的“移动工具”将“素材 2”图像拖动到“素材 1”图像中自动生成“图层 1”，按【Ctrl+T】键调整图像到合适的位置和大小，如下图所示的状态。

4）调整完成后按【Enter】键结束编辑，然后单击“添加图层蒙版”按钮，为“图层 1”添加图层蒙版，设置前景色为黑色，使用“画笔工具”并设置适当的画笔大小后，在人像以外的位置涂抹，图层蒙版效果如下图所示。

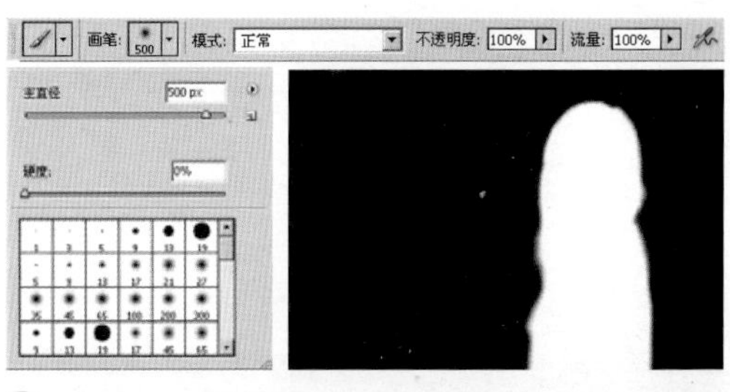

5）使用“画笔工具”涂抹后，在蒙版的遮挡下，画面的背景被去除了，得到如下图所示的效果。

6）调整图像的对比度。单击“创建新的填充或调整图层”按钮，在弹出的菜单中选择“曲线”命令，设置弹出的“曲线”对话框中的参数，设置完后自动生成“曲线 1”图层，蒙版抠图的最终效果就制作完成了，如下图所示。

动感模糊

拍摄照片时，大家都想拍出锐利清晰的效果，有的时候拍出一种动感效果也是不错的。使用Photoshop软件中的"模糊"滤镜，可以将任何照片制作成主体清晰背景动感的效果。

调整效果

原图效果

难易度 动感模糊

① 执行"文件"/"打开"命令，在弹出的"打开"对话框中选择随书光盘中的"素材 1"文件，复制"背景"图层，得到"背景 副本"图层，如下图所示。

② 选择工具箱中的"磁性套索工具"，沿着人物的边缘绘制出人物的选区，得到如下图所示的效果。

③ 按快捷键【Ctrl+J】复制选区内容，生成"图层 1"图层，隐藏其他图层，效果如下图所示。

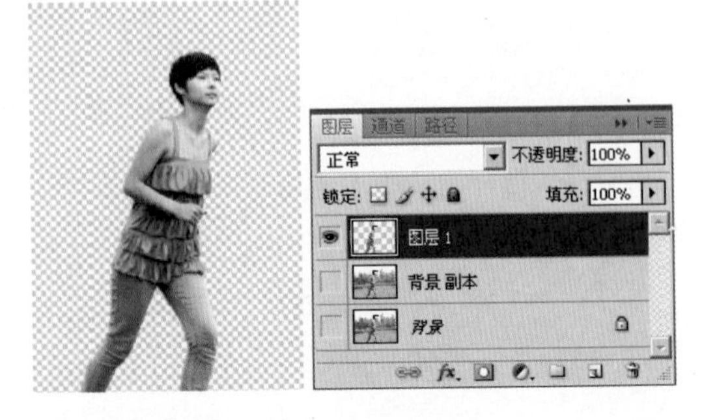

4）显示所有图层，选择“背景 副本”图层为当前操作图层。执行菜单栏中的“滤镜”/“模糊”/“动感模糊”命令，设置弹出的“动感模糊”对话框中的参数后单击“确定”按钮，如下图所示。

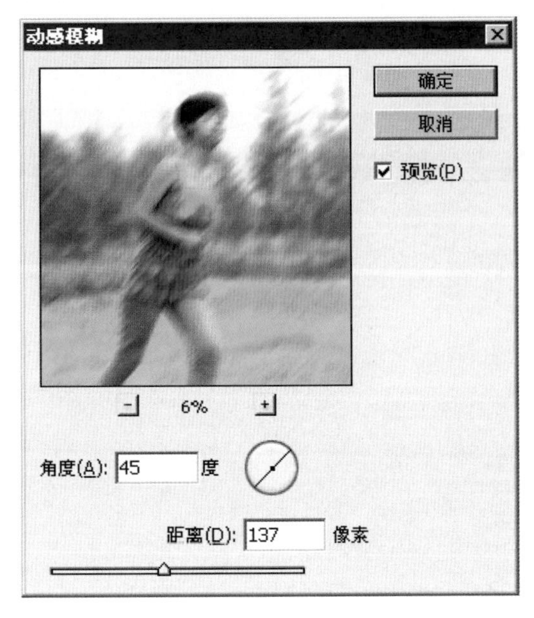

5）设置完“动感模糊”命令后，人物背景变得模糊，使人物产生了速度感，得到如下图所示的效果。

6）使用“缩放工具”，将图像放大，可以观察到人物头发边缘的区域跟背景融合得不是很好，选择“图层 1”图层，使用“模糊工具”，在融合得不是很好的边缘上进行涂抹，修饰后得到如下图所示的效果。

7）使用“模糊工具”修饰完成后，人物很好地结合到动感背景中，图像的最终效果就制作完成了，如下图所示。

强化照片的景深

调整效果

原图效果

本例是将照片的背景虚化，突出人物主体，制作照片的景深。主要运用“色阶”、“套索工具”等命令。

难易度 色阶

1 执行“文件”/“打开”命令，在弹出的“打开”对话框中选择随书光盘中的“素材 1”文件，复制“背景”图层，得到“背景 副本”图层，效果如图a所示。

2 使用工具箱中的“多边形套索工具”，将图像背景中较深的木框载入选区，效果如图b所示。

图a

图b

3）按【Shift+F6】键执行羽化选区命令，弹出“羽化选区”对话框并设置其参数，然后单击“确定”按钮，得到如下图所示的效果。

4）单击“创建新的填充或调整图层”按钮，在菜单中选择“色阶”命令，设置弹出的“色阶”对话框中的参数，如下图所示。

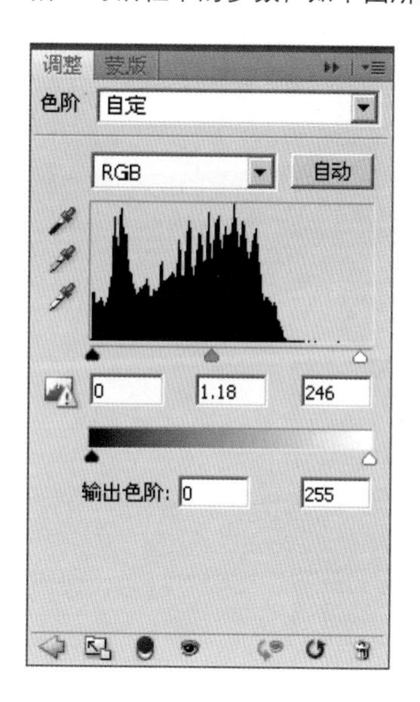

5）设置完“色阶”参数后，自动生成“色阶1”图层，背景中的木框被淡化了，图像及其图层面板如下图所示。

6）按快捷键【Ctrl+Alt+Shift+E】键，执行

"盖印图层"命令，得到"图层 1"图层，如下图所示。

7）使用工具箱中的"套索工具"，将人物载入选区，效果如下图所示。

8）按【Shift+F6】键执行羽化选区命令，弹出"羽化选区"对话框并设置其参数，然后单击"确定"按钮，得到如下图所示的效果。

9）按【Ctrl+Shift+I】键将选区反选。单击"创建新的填充或调整图层"按钮，在菜单中选择"色阶"命令，设置弹出的"色阶"对话框中的参数，如下图所示。

10）设置完"色阶"参数后，自动生成"色阶 2"图层，图像的背景被淡化了，最终效果如下图所示。

消除噪点

调整效果

原照片中有些小颗粒，也就是噪点，主要是由于拍摄时感光度不够造成的，放大照片观看时影响了照片的质量，同时也影响了照片的美观，需要对其进行调整，即去除照片中的噪点。

原图效果

难易度　　　　杂色去斑　USM锐化

1）执行"文件"/"打开"命令，在弹出的"打开"对话框中选择随书光盘中的"素材 1"文件，复制"背景"图层，得到"背景 副本"图层，如下图所示。

2）选择"背景 副本"图层，执行菜单栏中的"滤镜"/"杂色"/"去斑"命令，去除照片中的杂点，效果如图（右上）所示。

3）复制"背景 副本"图层，得到"背景 副本2"图层，执行菜单栏中的"滤镜"/"模糊"/"高斯模糊"命令，在弹出的对话框中设置其参数后单击"确定"按钮，得到如图（右下）所示的效果。

4 将“背景 副本2”图层的不透明度设置为“50%”，单击“添加图层蒙版”按钮，为“背景 副本2”添加图层蒙版，设置前景色为黑色，使用“画笔工具”并设置适当的画笔大小，在人物的面部位置涂抹，效果如下图所示。

5 使用工具箱中的“套索工具”，在工具选项栏中设置参数，在人物面部绘制出选区，按【Shift+F6】键执行羽化选区命令，在弹出的对话框中设置其参数后，单击“确定”按钮，效果如下图所示。

6 执行菜单栏中的“滤镜”/“锐化”/“USM锐化”命令，在弹出的对话框中设置其参数后，单击“确定”按钮，按【Ctrl+D】键取消选区，得到如下图所示的效果。

7 单击“创建新的填充或调整图层”按钮，在菜单中选择“色阶”命令，在弹出的“色阶”对话框中设置其参数，如下图所示。

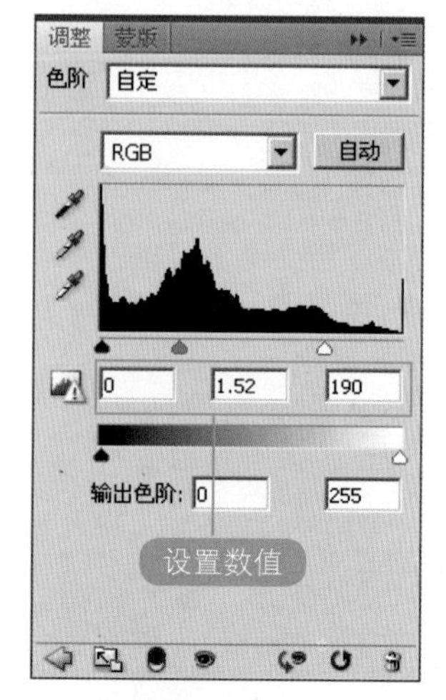

8 设置完“色阶”命令后，自动生成“色阶1”图层，得到图像效果如下图所示。

9 单击“创建新的填充或调整图层”按钮，在菜单中选择“色相/饱和度”命令，在弹出的“色相/饱和度”对话框中设置参数，如下图所示。

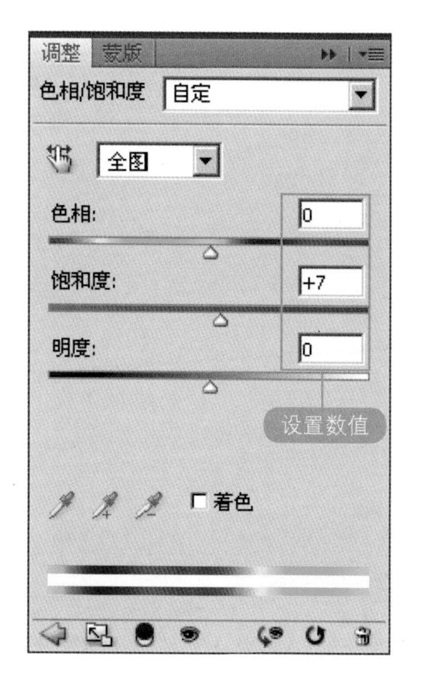

10 设置完“色相/饱和度”参数后，自动生成“色相/饱和度1”图层，得到图像的最终效果如下图所示。

模糊使照片的景深更强化

本例是将照片的背景进行模糊处理，从而制作出照片的景深效果。制作重点是“高斯模糊”滤镜的使用，具体操作步骤如下。

调整效果

原图效果

难易度 　　高斯模糊

① 执行“文件”/“打开”命令，在弹出的“打开”对话框中选择随书光盘中的“素材 1”文件，复制“背景”图层，得到“背景 副本”图层，如右图所示。

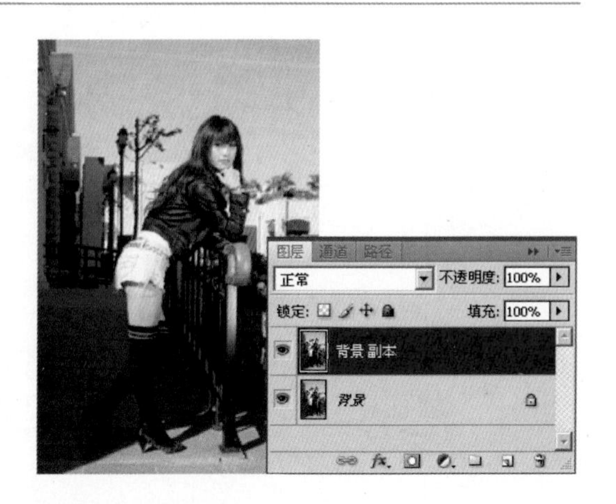

2）绘制出选区。使用工具箱中的“椭圆选框工具”，在图像中框选图像，效果如下图所示。

3）按【Shift+F6】键执行羽化选区命令，设置弹出的对话框中的参数，单击“确定”按钮，然后按【Ctrl+Shift+I】键将选区反选，效果如下图所示。

4）将选区模糊处理制作景深。执行菜单栏中的“滤镜”/“模糊”/“高斯模糊”命令，在弹出的“高斯模糊”对话框中设置参数，如下图所示。

5）设置完成后单击“确定”按钮，然后按【Ctrl+D】键取消选区命令，得到图像的最终效果如下图所示。

全景拼接让视野更开阔

调整效果

原图效果

由于受到相机功能的限制，一些景区的全景是很难拍摄到的，只能拍摄到某个景区的一角，往往会错过美丽的全景。现在就不用担心，只需将每一个景区的一角景色拍下来就可以，经过本例的学习会得到满意的景区效果。

难易度 　　色彩平衡　亮度/对比度

① 在Photoshop软件中，执行“文件/自动/Photomerge”命令，弹出“Photomerge（照片合并）”对话框，在该对话框中单击“浏览”按钮，如下图所示的面板。

② 选择要拼接的照片。在弹出的“打开”对话框中，选择随书光盘中“素材 1.jpg”和“素材 2.jpg”照片，在“Photomerge（照片合并）”对话框将显示文件名，如下图所示的状态。

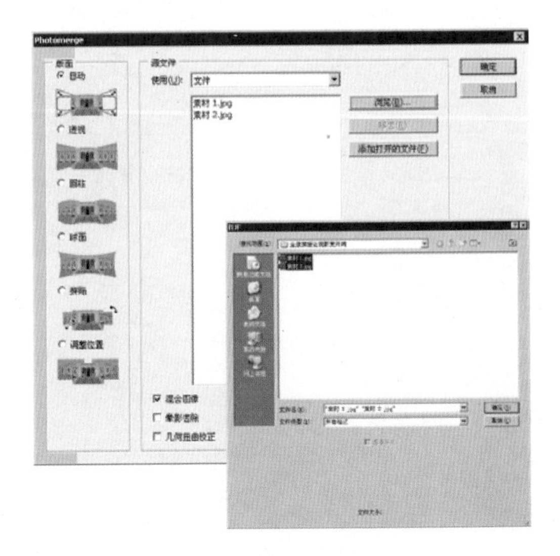

3）选择照片后单击“确定”按钮，会自动弹出一个拼接好的全景图，得到照片也会显示两个图层，如下图所示的效果。

4）拼接后的照片可能有些不完整，需要进行裁切。在工具箱中选择“裁剪工具”，在图像中框选所要裁剪的图像效果，如下图所示。

5）框选图像后在图像中单击或在选项栏中单击“提交当前裁剪操作”按钮，得到图像效果如下图所示。

6）单击“创建新的填充或调整图层”按钮，在菜单中选择“色阶”命令，设置弹出的“色阶”对话框中的参数，如下图所示。

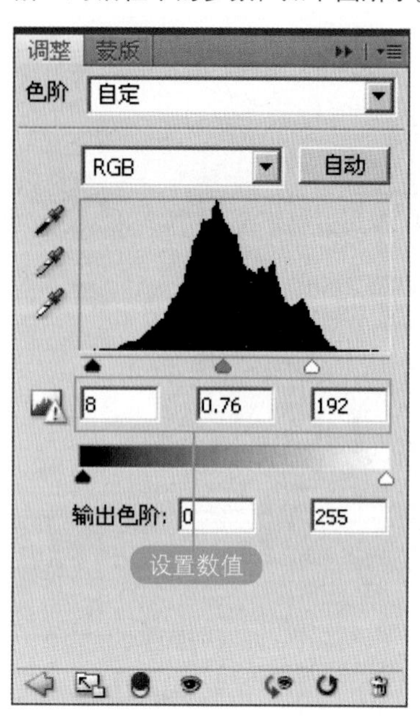

7）设置完“色阶”参数后，自动生成“色阶1”图层，调整后的效果如下图所示。

8 单击“创建新的填充或调整图层”按钮，在菜单中选择“亮度/对比度”命令，设置弹出的“亮度/对比度”对话框中的参数，如下图所示的设置。

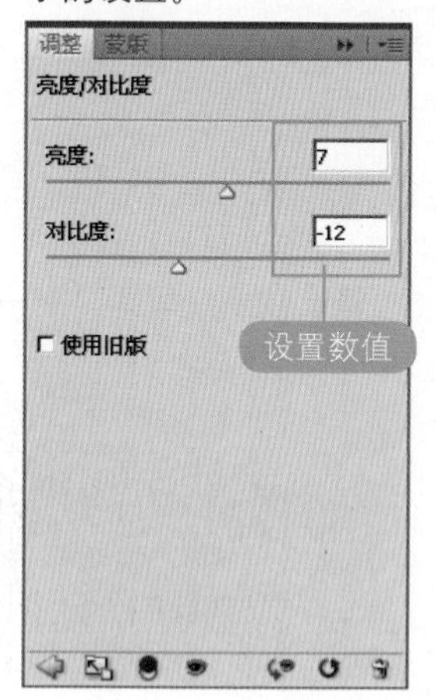

9 设置完“亮度/对比度”参数后，自动生成“亮度/对比度1”图层，调整后的效果如下图所示。

爱 摄 影

Part 03

色彩明暗与清晰度修正篇

调整效果

在拍摄的过程中，有时会受环境的影响拍出一些较暗的照片，使得画面不够完美。使用Photoshop软件中的“色阶”命令可以对其调整，得到令人满意的效果。

原图效果

难易度　　色阶

① 执行“文件”/“打开”命令，在弹出的“打开”对话框中选择随书光盘中的“素材 1”文件，图像及其图层面板如右图所示。

② 单击“创建新的填充或调整图层”按钮，在菜单中选择“色阶”命令，设置弹出的“色阶”命令对话框中的参数，如下图所示。

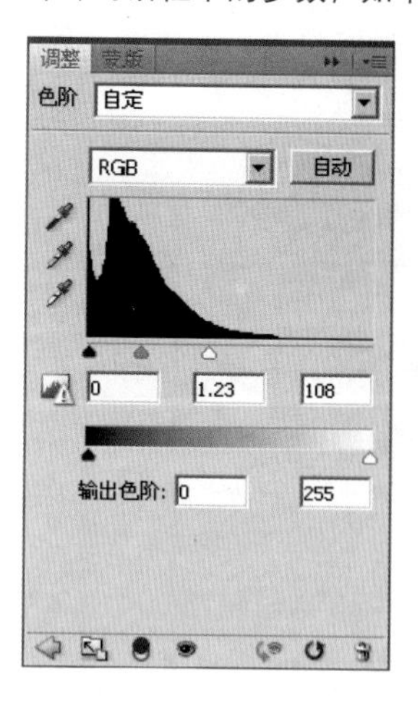

③ 设置完“色阶”命令后，自动生成“色阶1”图层，调整后的效果如下图所示。

色彩饱和度调节

调整效果

在拍摄的过程中，有时会受环境的影响拍出一些较灰暗的照片，色彩饱和度较低。需要对其进行调整，恢复照片中花卉的鲜艳色彩，突出照片的主体。

原图效果

难易度　　色相/饱和度

色彩饱和度调节

① 执行“文件”/“打开”命令，在弹出的“打开”对话框中选择随书光盘中的“素材 1”文件，如下图所示。

② 单击“创建新的填充或调整图层”按钮，在菜单中选择“色相/饱和度”命令，设置弹出的“色相/饱和度”对话框中的参数，设置完“色相/饱和度”命令后，自动生成“色相/饱和度1”图层，调整后的效果如下图所示。

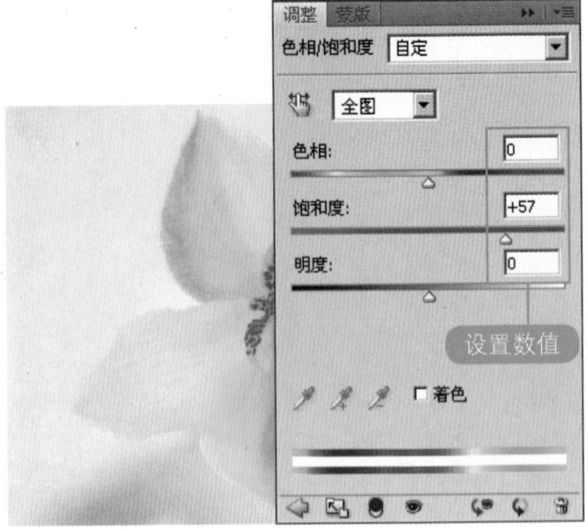

快速色调转换

调整效果

本例是利用Photoshop软件中的“匹配颜色”命令快速改变照片的色调，可以任意将一张照片的色调转换成另一种色调，具体操作步骤如下。

原图效果

难易度 匹配颜色

快速色调转换

① 执行“文件”/“打开”命令，在弹出的“打开”对话框中选择随书光盘中的“素材 1”文件，如下图所示。

② 执行“文件”/“打开”命令，在弹出的“打开”对话框中选择随书光盘中的“素材 2”文件，接下来要将此图像的色调转换成“素材 1”的色调，如下图所示。

③ 转换照片的色调。在菜单栏中选择“图像”/“调整”/“匹配颜色”命令，在弹出的“匹配颜色”对话框中设置其参数，在“源”的下拉列表框中选择“素材 1”，如下图所示。

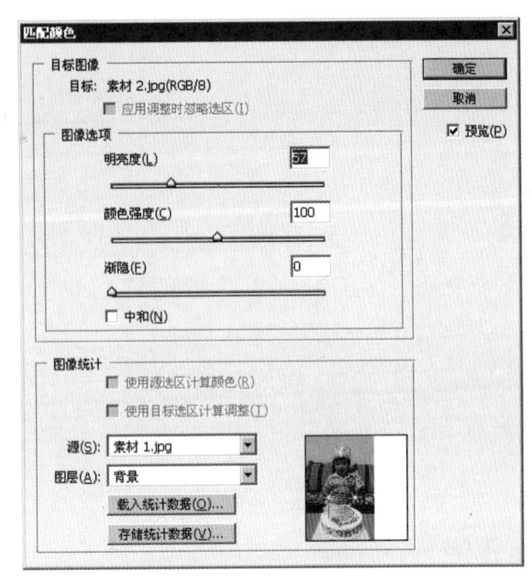

④ 设置完成后，单击“确定”按钮，“素材 2”图像的色调被“素材 1”图像的色调替换了，得到如下图所示的效果。

整体曝光不足的补偿

调整效果

本例是将整体曝光不足的照片进行补光。制作重点是先将图像复制转换成“灰度”模式，然后进行填充，具体操作步骤如下。

原图效果

难易度 灰度模式　高斯模糊　填充

① 执行“文件”/“打开”命令，在弹出的“打开”对话框中选择随书光盘中的“素材 1”文件，图像及其图层面板如右图所示。

整体曝光不足的补偿

2）执行菜单栏中的“图像”/“复制”命令，弹出“复制图像”对话框，单击“确定”按钮，得到复制图像“素材1 副本”，效果如下图所示。

3）在菜单栏中选择“图像”/“模式”/“灰度”命令，弹出询问框“是否要扔掉颜色信息？”单击“扔掉”按钮，得到效果如下图所示。

4）确定“素材1 副本”在选择状态下，执行菜单栏中的“滤镜”/“模糊”/“高斯模糊”命令，设置弹出的“高斯模糊”对话框中的参数后单击“确定”按钮，效果如下图所示。

5）确定“素材 1”图像在选择状态下，执行菜单栏中的“选择”/“载入选区”命令，在弹出的“载入选区”对话框中勾选“反相”，单击“确定”按钮，得到如下图所示的效果。

6）执行菜单栏中的“编辑”/“填充”命令，弹出“填充”对话框，在“内容”选项组中的“使用”下拉列表框中选择“50%灰色”，在“混合”选项组中的“模式”下拉列表框中选择“颜色减淡”，单击“确定”按钮后的效果如下图所示。

7）按【Ctrl+D】键取消选区，图像的最终效果就制作完成了，如下图所示。

修正曝光过度的照片

调整效果

本例是将整体曝光过度的照片进行修正。制作过程中主要运用“通道”，混合模式中的“正片叠底”等技巧，希望读者通过本例的学习能够做到举一反三。

原图效果

难易度 正片叠底 USM锐化

1 执行“文件”/“打开”命令，在弹出的“打开”对话框中选择随书光盘中的“素材 1”文件，复制“背景”图层，得到“背景 副本”图层，如下图所示。

2 切换到“通道”面板，按住【Ctrl】键单击“蓝”通道，载入高光选区，得到如下图所示的效果。

3 切换到“图层”面板，单击“添加图层蒙版”按钮，为“背景 副本”添加图层蒙版，并将其图层混合模式设置为“正片叠底”，图像及其图层面板如下图所示。

4 单击“创建新的填充或调整图层”按钮，在菜单中选择“可选颜色”命令，在弹出的“可选颜色”对话框中设置“红色”通道参数，如下图所示。

5 设置完“可选颜色”参数后，自动生成“选取颜色1”图层，图像效果及其图层面板如下图所示。

6 拖动“背景 副本”图层到图层面板底部的“创建新图层”按钮上，对图层进行复制操作，得到“背景 副本2”图层，并将其置于图层面板的最上方，不透明度设置为“50%”，图层面板如下图所示。

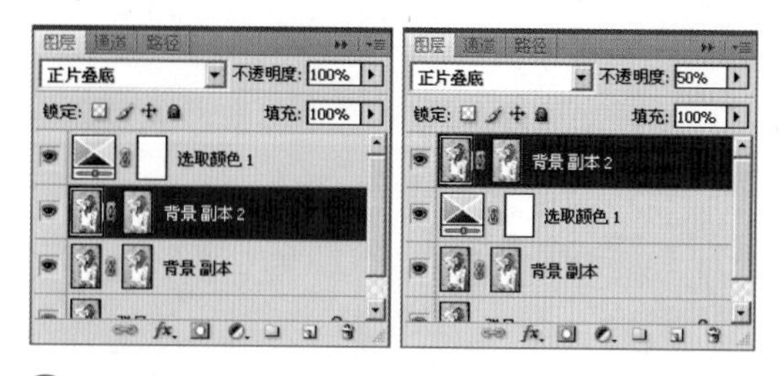

7 复制得到“背景 副本2”后，进一步降低了图像的明度，得到如下图所示的效果。

8 按【Ctrl+Alt+Shift+E】快捷键，执行“盖印图层”命令，得到“图层 1”图层，如下图所示。

9 执行菜单栏中的“滤镜”/“锐化”/“USM锐化”命令，设置弹出的对话框中的参数后单击“确定“按钮，得到图像的最终效果如右图所示。

让天空更蓝

调整效果

原照片的色彩比较暗淡，并且天空呈现灰暗的颜色，画面也不够美丽，所以需要调整照片中天空的色调，使天空更蓝。制作过程中主要运用了“曲线”，“可选颜色”，“色阶”等技巧，具体操作步骤如下。

原图效果

让天空更蓝

难易度 色彩平衡 可选颜色

1）执行“文件”/“打开”命令，在弹出的“打开”对话框中选择随书光盘中的“素材 1”文件，复制“背景”图层，得到“背景 副本”图层，如下图所示。

2）单击“创建新的填充或调整图层”按钮，在菜单中选择“曲线”命令，在弹出的“曲线”命令对话框中设置各通道的参数，如下图所示。

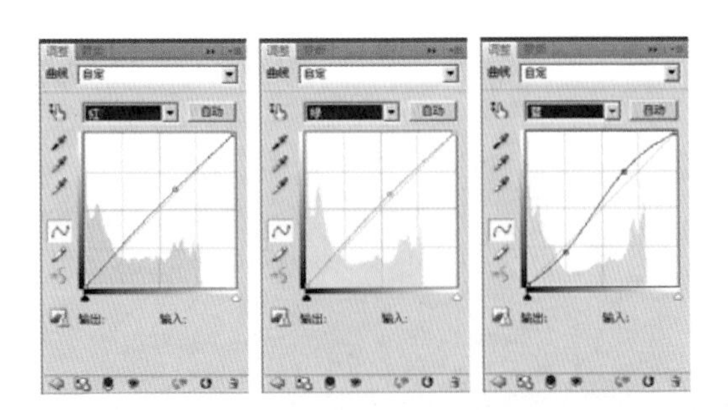

3）设置完“曲线”命令后，自动生成“曲线1”图层，增添了图像中的蓝色调，图像效果及其图层面板如下图所示。

4）单击“创建新的填充或调整图层”按钮，在菜单中选择“可选颜色”命令，在弹出的“可选颜色”命令对话框中设置各通道的参数，如下图所示。

5）设置完“可选颜色”参数后，自动生成“选取颜色1”图层，图像中的蓝色成分增多了，图像效果及其图层面板如下图所示。

6）选择“画笔工具”，设置前景色为黑色，选择适当的画笔大小，在“选取颜色1”的图层蒙版中涂抹除天空以外的区域，其蒙版状态如下图所示。

7 使用“画笔工具” 涂抹修饰后，只保留了天空的蓝色成分，使其画面更真实，得到如下图所示的效果。

8 单击“创建新的填充或调整图层”按钮，在菜单中选择“色相/饱和度”命令，在弹出的“色相/饱和度”命令对话框中设置各通道的参数，如下图所示。

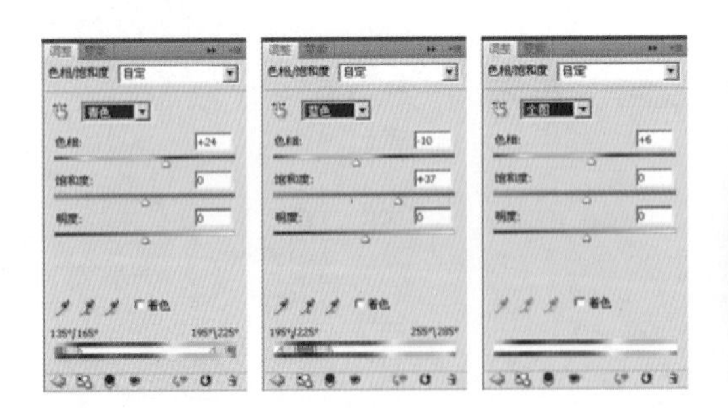

9 设置完“色相/饱和度”参数后，自动生成“色相/饱和度1”图层，图像效果及其图层面板如下图所示。

10 按住【Ctrl】键单击“选取颜色1”图层的图层蒙版，将图像中的天空区域载入选区，然后按【Ctrl+Shift+I】键将选区进行反选，效果如下图所示。

11 单击“色相/饱和度1”的图层蒙版，设置前景色为黑色，按【Alt+Delete】键填充前景色，然后按【Alt+D】键取消选区，得到如下图所示的效果。

12 单击“创建新的填充或调整图层”按钮，在菜单中选择“色阶”命令，在弹出的“色阶”命令对话框中设置其参数，如下图所示。

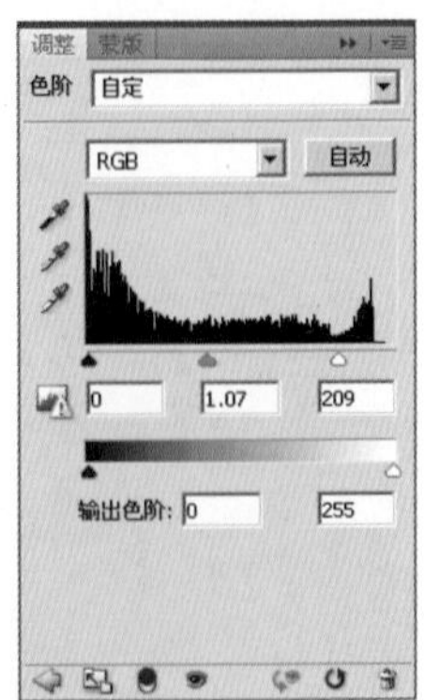

让天空更蓝

13 设置完“色阶”命令后，自动生成“色阶1”图层，得到图像的最终效果如右图所示。

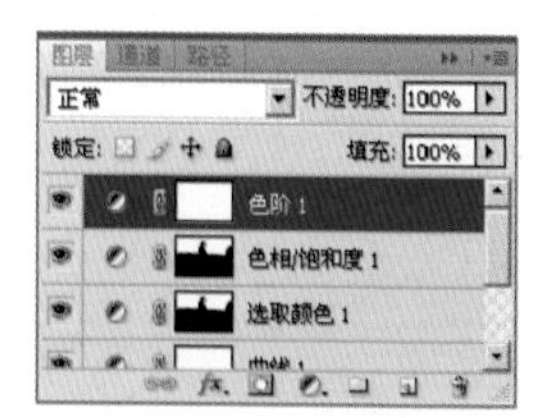

让绿草如茵

调整效果

原照片中的植物枯黄，本例讲解如何将其调整成绿草如茵的效果。制作过程中主要运用了“色相/饱和度”，“曲线”和“亮度/对比度”等命令，希望读者在学习完本例之后，能够做到举一反三。

原图效果

让绿草如茵

难易度　　　　曲线　色相/饱和度

1 执行“文件”/“打开”命令，在弹出的“打开”对话框中选择随书光盘中的“素材 1”文件，复制“背景”图层，得到“背景 副本”图层，如下图所示。

2 改变植物的色调。单击“创建新的填充或调整图层”按钮，在菜单中选择“色相/饱和度”命令，设置弹出的“色相/饱和度”命令对话框中的参数，如下图所示。

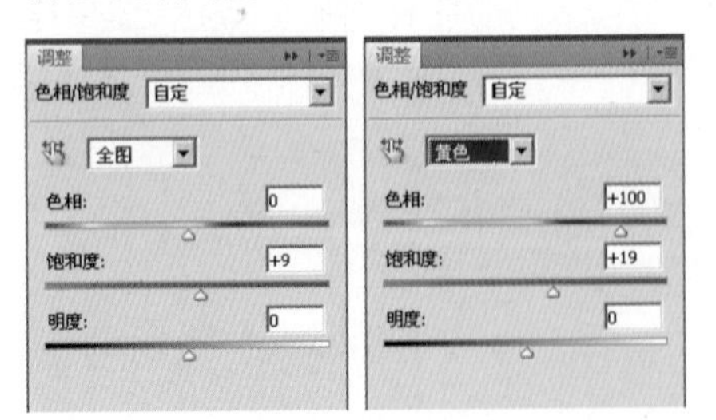

3 设置完“色相/饱和度”命令后，自动生成“色相/饱和度1”图层，图像中植物的色调发生了变化，但是也影响到了其他部位的色调，接下来需要对其修饰，效果如下图所示。

4 选择“画笔工具”并设置适当的画笔大小，设置前景色为黑色，涂抹除绿色以外的部分，在蒙版的遮挡下只保留了绿色植物，如下图所示的效果。

5 单击“创建新的填充或调整图层”按钮，在菜单中选择“色阶”命令，设置弹出的“色阶”对话框中的参数，如下图所示。

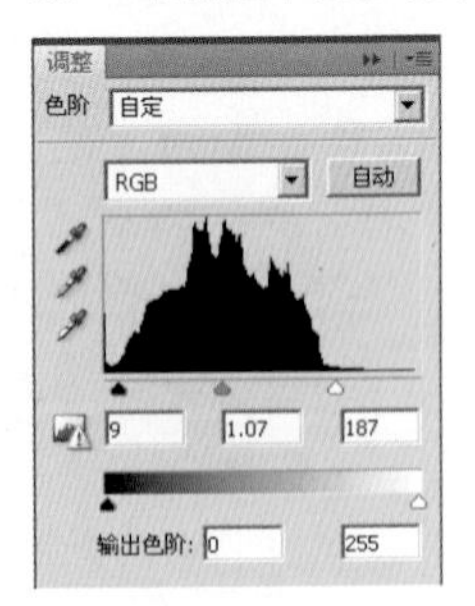

6 设置完“色阶”命令后，自动生成“色阶1”图层，图像的明暗对比度增强了，效果如下图所示。

7）单击“创建新的填充或调整图层”按钮，在菜单中选择“曲线”命令，设置弹出的“曲线”对话框中的参数，如下图所示。

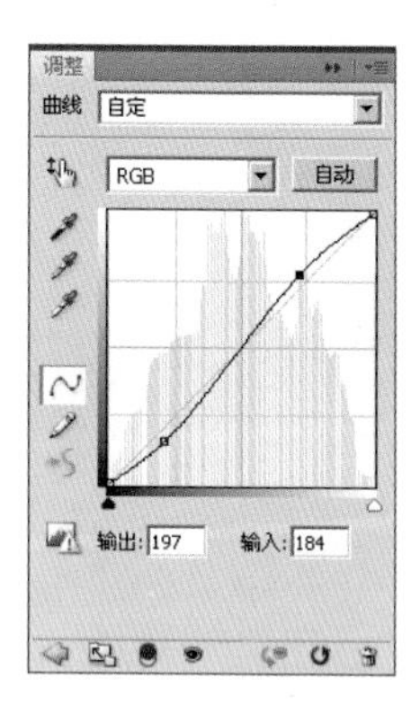

8）设置完“曲线”参数后，自动生成“曲线1”图层，进一步增强了图像的对比度，效果如下图所示。

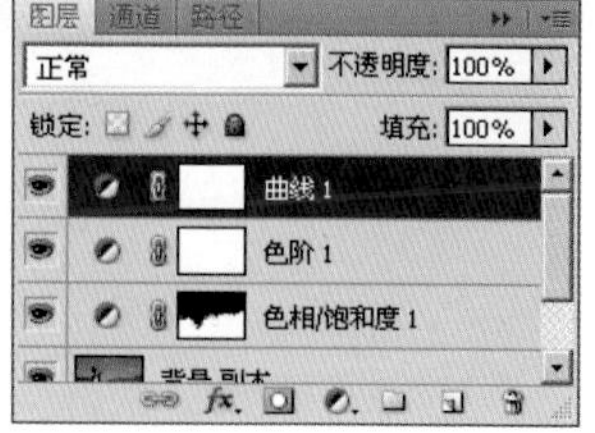

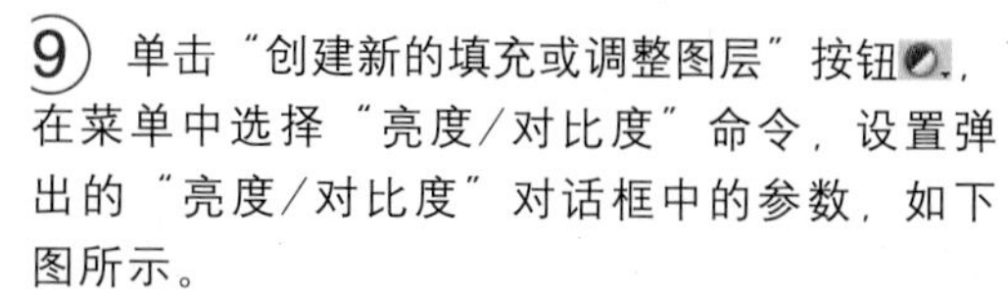

9）单击“创建新的填充或调整图层”按钮，在菜单中选择“亮度/对比度”命令，设置弹出的“亮度/对比度”对话框中的参数，如下图所示。

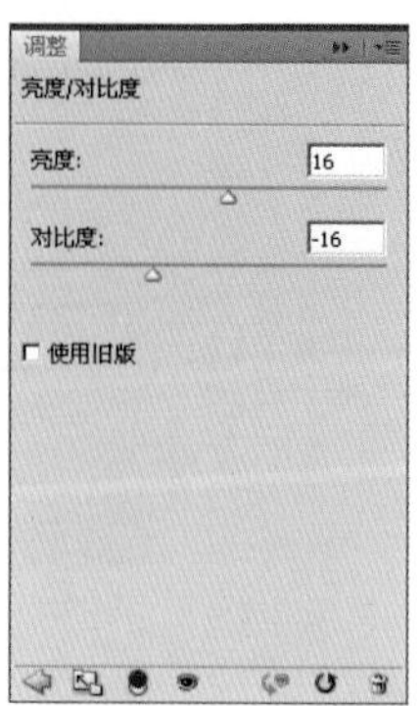

10）设置完“亮度/对比度”参数后，自动生成“亮度/对比度1”图层，图像的最终效果就制作完成了，画面中呈现绿草如茵的效果，如下图所示。

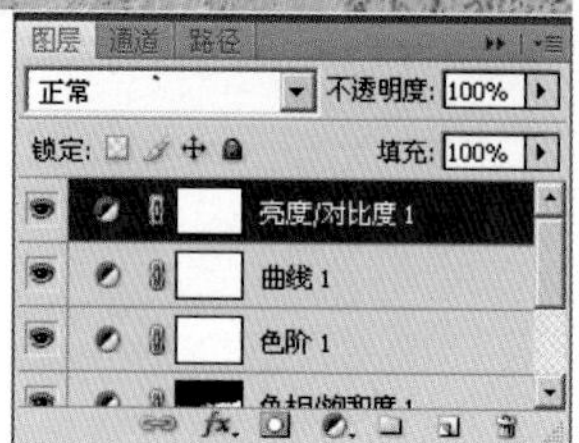

偏色照片的调整

本例是将偏色的照片进行调整。主要运用了“色彩平衡”、“色阶”、“亮度/对比度”等命令，具体操作步骤如下。

调整效果

原图效果

难易度

色彩平衡　色阶

1 执行“文件”/“打开”命令，在弹出的“打开”对话框中选择随书光盘中的“素材 1”文件，图像及其图层面板如下图所示。

2 单击“创建新的填充或调整图层”按钮，在菜单中选择“色彩平衡”命令，设置弹出的“色彩平衡”命令对话框中的参数，如下图所示。

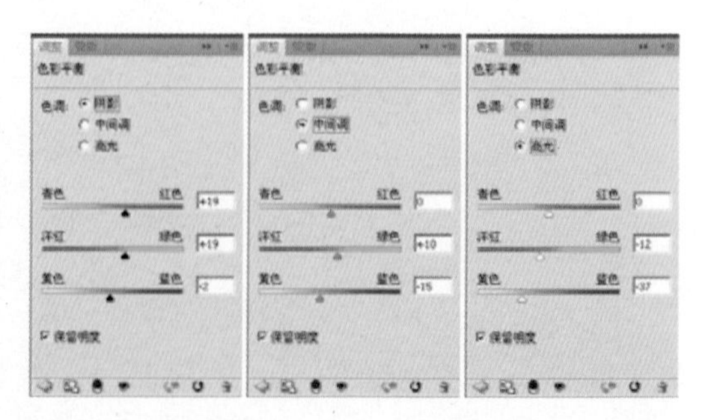

3 设置完“色彩平衡”参数后，自动生成“色彩平衡1”图层，调整后的效果如下图所示。

4 单击“创建新的填充或调整图层”按钮，在菜单中选择“色阶”命令，设置弹出的“色阶”命令对话框中的参数，如下图所示。

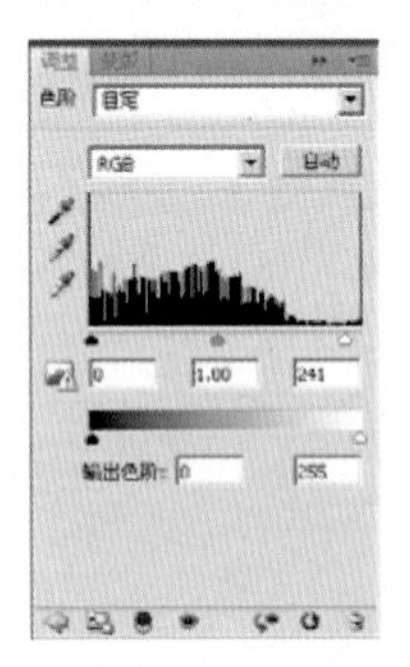

5 设置完“色阶”参数后，自动生成“色阶1”图层，调整后的效果如下图所示。

6 单击“创建新的填充或调整图层”按钮，在菜单中选择“亮度/对比度”命令，设置弹出的“亮度/对比度”命令对话框中的参数，如下图所示。

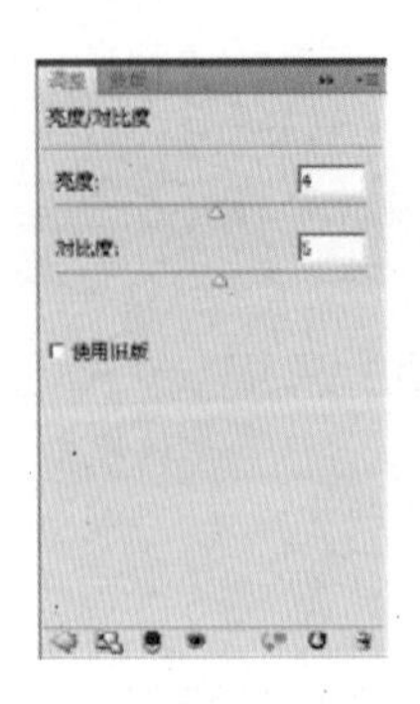

7 设置完“亮度/对比度”命令后，自动生成“亮度/对比度1”图层，调整后的最终效果如下图所示。

最美的夕阳

原照片虽然是在夕阳光照下拍摄的，但是并没有体现出夕阳照射下波光粼粼的美丽景象，需要对其进行调整，增强照片的环境氛围，从而更加清晰地表达照片的主题。

调整效果

原图效果

难易度

色彩平衡　通道混合器

1 执行“文件”/“打开”命令，在弹出的“打开”对话框中选择随书光盘中的“素材 1”文件，图像及其图层面板如下图所示。

2 单击“创建新的填充或调整图层”按钮，在弹出的菜单中选择“色彩平衡”命令，设置弹出的“色彩平衡”命令对话框中的参数，如下图所示。

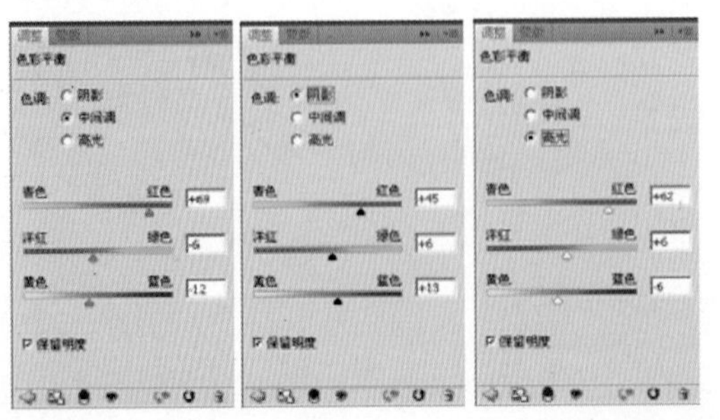

3 设置完“色彩平衡”参数后，自动生成“色彩平衡1”图层，图像的色彩发生了变化，效果如下图所示。

4 单击“创建新的填充或调整图层”按钮，在弹出的菜单中选择“曲线”命令，在弹出的“曲线”命令对话框中设置其参数，如下图所示。

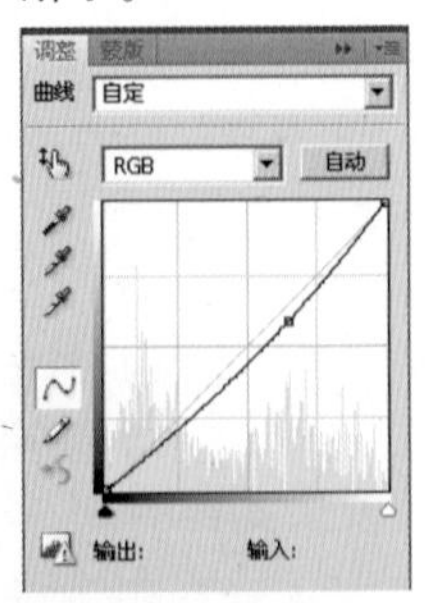

5 设置完“曲线”参数后，自动生成“曲线1”图层，图像的明度适当降低了，效果如下图所示。

6 单击“创建新的填充或调整图层”按钮，在菜单中选择“通道混合器”命令，设置弹出的“通道混合器”命令对话框中的参数，如下图所示。

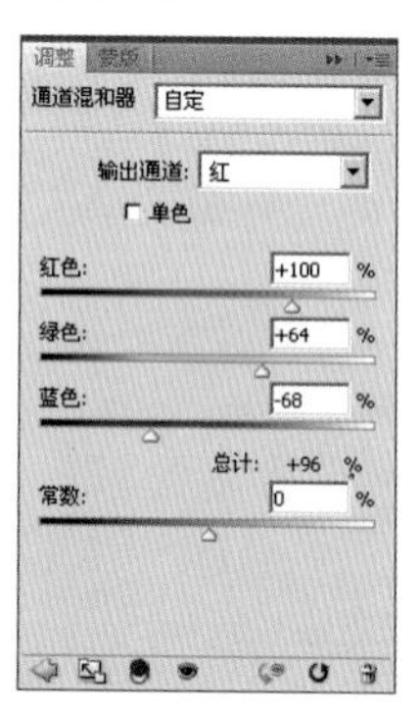

7 设置完“通道混合器”参数后，自动生成“通道混合器1”图层，得到如下图所示的效果。

8 单击“创建新的填充或调整图层”按钮，在弹出的菜单中选择“色阶”命令，在弹出的“色阶”命令对话框中设置其参数，如下图所示。

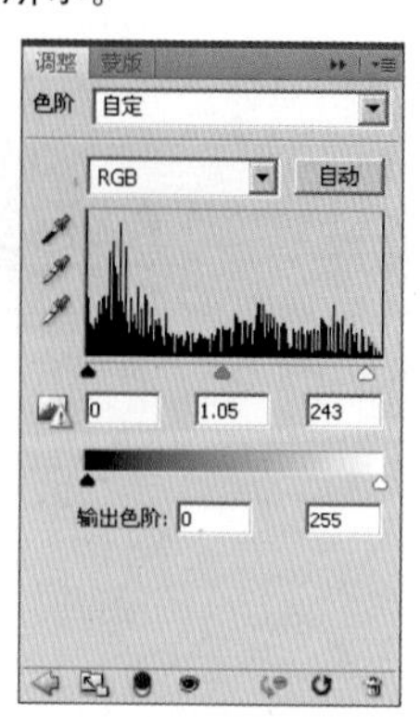

9 设置完“色阶”命令后，自动生成“色阶1”图层，得到图像的最终效果如下图所示。

补救阴暗天气造成的拍摄缺失

调整效果

原照片色彩暗淡，由于拍摄的时候受阴暗天气的影响，所以照片色调比较沉闷。本例讲解如何将其调整恢复为原有的光鲜明亮的真实色彩。制作过程中主要运用了“色阶”，“曲线”和“色相/饱和度”等命令，具体操作步骤如下。

原图效果

难易度 　　色阶　色相/饱和度 

① 执行“文件”/“打开”命令，在弹出的“打开”对话框中选择随书光盘中的“素材 1”文件，复制“背景”图层，得到“背景 副本”图层，如下图所示。

② 单击“创建新的填充或调整图层”按钮，在菜单中选择“色阶”命令，设置弹出的“色阶”命令对话框中的参数，如下图所示。

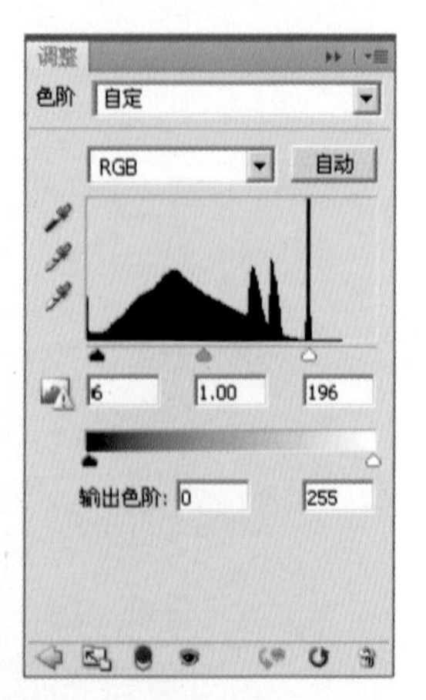

补救阴暗天气造成的拍摄缺失

3) 设置完“色阶”参数后，自动生成“色阶1”图层，图像效果及其图层面板如下图所示。

4) 调节对比度。单击“创建新的填充或调整图层”按钮，在菜单中选择“曲线”命令，设置弹出的“曲线”命令对话框中的参数，如下图所示。

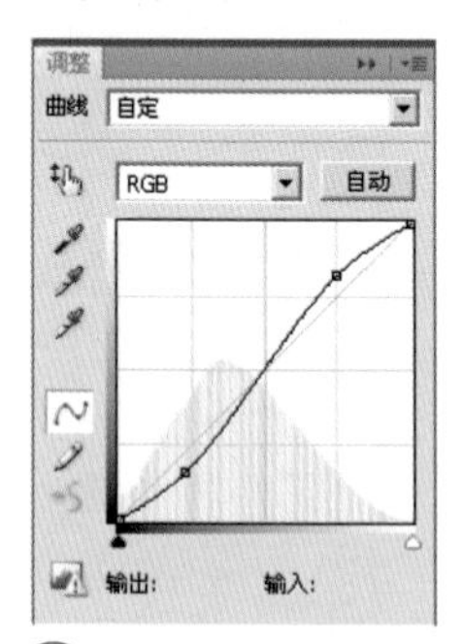

5) 设置完“曲线”命令后，自动生成“曲线1”图层，图像的对比度增强了，但是天空的影调也发生了变化，所以接下来需要对天空进行修饰，如下图所示。

6) 单击工具箱中的“渐变工具”，设置默认的前景色和背景色，在工具属性栏中选择“前景色到背景色渐变”，然后在画面的中间位置由上至下拖动鼠标，在蒙版的遮挡下，天空恢复了原来的影调，如下图所示。

7) 精细调节色调。单击“创建新的填充或调整图层”按钮，在菜单中选择“色相/饱和度”命令，在弹出的“色相/饱和度”对话框中设置各通道的参数，如下图所示。

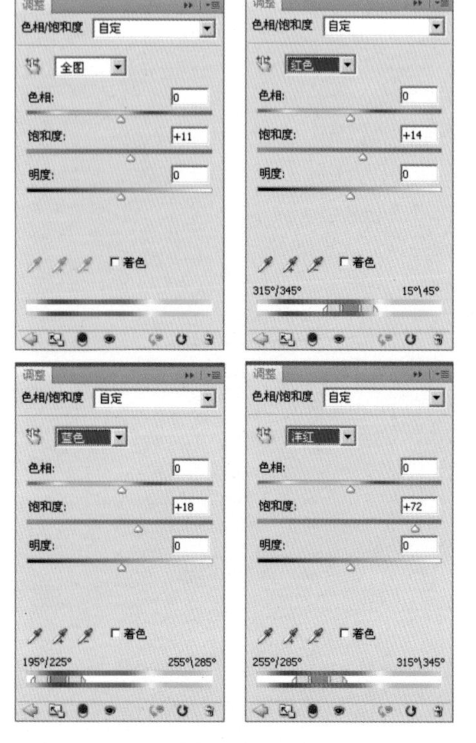

8）设置完“色相/饱和度”参数后，自动生成“色相/饱和度1”图层，图像恢复了原有的色彩，但是还需进一步调节，此时效果如下图所示。

9）单击“创建新的填充或调整图层”按钮，在菜单中选择“色阶”命令，在弹出的“色阶”对话框中设置其参数，如下图所示。

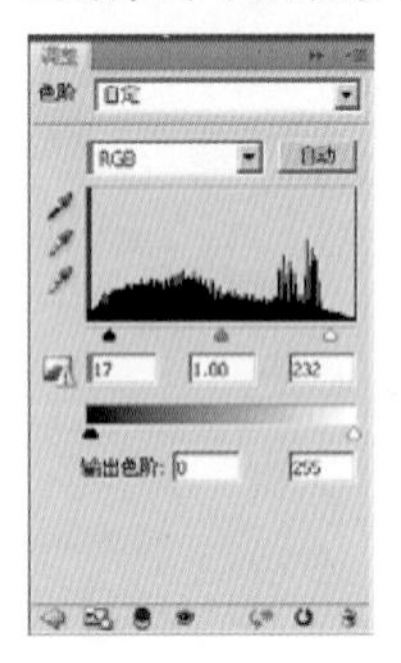

10）设置完“色阶”参数后，自动生成“色阶2”图层，图像的最终效果就制作完成了，恢复了原有的艳丽色彩，如下图所示。

11）另一种快速调整的方法。执行菜单栏中的“图像”/“自动色调”命令，如下图所示的设置。

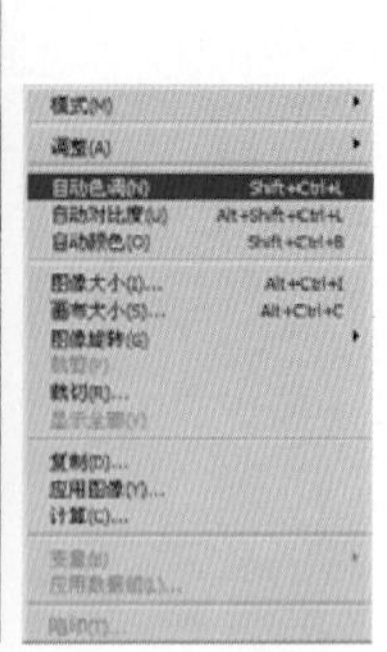

12）执行完“自动色调”命令后，图像的冷暖、明暗对比效果发生了变化，得到如下图所示的效果。

13）单击“创建新的填充或调整图层”按钮，在菜单中选择“色阶”命令，在弹出的“色阶”命令对话框中设置其参数后，单击“确定”按钮，得到如下图所示的效果。

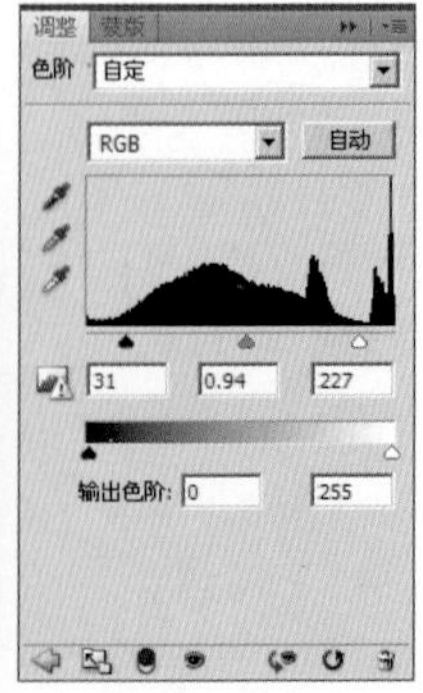

打造过曝照片特效

原照片曝光不足，本例讲解的是打造过曝的效果，在广告设计中经常用到。制作过程中主要用来表现人物的五官部分，将人物的皮肤色进行过曝处理，具体操作步骤如下。

调整效果

原图效果

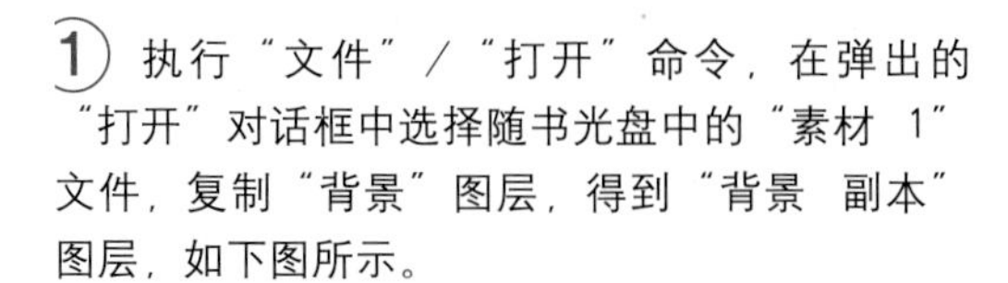

难易度　　色阶　色彩范围

① 执行"文件"/"打开"命令，在弹出的"打开"对话框中选择随书光盘中的"素材 1"文件，复制"背景"图层，得到"背景 副本"图层，如下图所示。

② 执行菜单栏中的"图像"/"自动色调"命令，图像色调发生了变化，得到如下图所示的效果。

3 执行菜单栏中的“选择”/“色彩范围”命令，在弹出的“色彩范围”对话框中设置颜色容差，用吸管工具点击人物的脸部，设置完成后单击“确定”按钮，载入高光选区，得到如下图所示的效果。

4 单击“创建新的填充或调整图层”按钮，在菜单中选择“色阶”命令，设置弹出的“色阶”命令对话框中的参数，如下图所示。

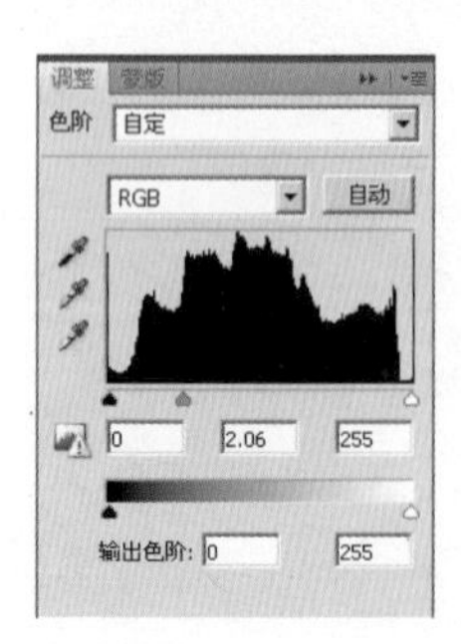

5 设置完“色阶”参数后，自动生成“色阶1”图层，图像中人物的皮肤色变得明亮了，效果如下图所示。

6 按住【Ctrl】键单击“色阶1”的图层蒙版，载入选区，按快捷键【Shift+F6】执行羽化选区命令，在弹出的对话框中设置其参数后单击“确定”按钮，效果如下图所示。

7 单击“创建新的填充或调整图层”按钮，在菜单中选择“色阶”命令，设置弹出的“色阶”命令对话框中的参数，如下图所示。

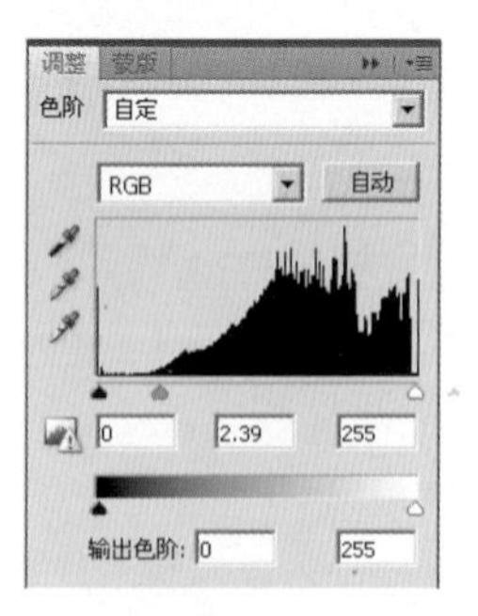

8 设置完“色阶”参数后，自动生成“色阶2”图层，图像中人物的皮肤色变得明亮了，效果如下图所示。

9）调整对比度。单击“创建新的填充或调整图层”按钮，在菜单中选择“曲线”命令，在弹出的“曲线”命令对话框中设置参数，如下图所示。

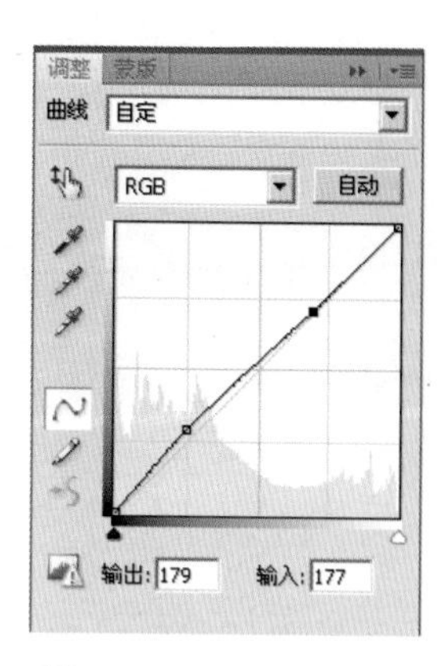

10）设置完“曲线”命令后，自动生成“曲线1”图层，增强了图像的明暗对比度，得到如下图所示的效果。

11）单击“创建新的填充或调整图层”按钮，在菜单中选择“色阶”命令，在弹出的“色阶”命令对话框中设置其参数，如下图所示。

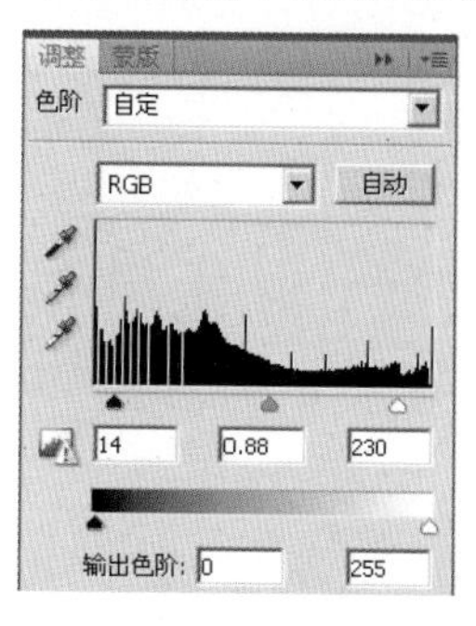

12）设置完“色阶”参数后，自动生成“色阶3”图层，图像的明暗对比度变得更强烈了，效果如下图所示。

13）修饰画面中较暗的部分。使用工具箱中的“画笔工具”并设置适当的画笔大小，设置前景色为黑色，在画面中涂抹较暗的部分，效果如下图所示。

14）按快捷键【Ctrl+Alt+Shift+E】键，执行“盖印图层”命令，得到“图层1”图层，效果如下图所示。

15 去除人物面部的斑点。单击工具箱中的“缩放工具”，将图像放大到可以清晰观察到人物的面部大小，使用“修补工具”去除斑点，得到如下图（左）所示的效果。执行菜单栏中的“滤镜”/“锐化”/“USM锐化”命令，在弹出的对话框中设置其参数后单击“确定”按钮，得到图像的最终效果如下图（右）所示。

修复曝光严重偏差的照片

调整效果

原图效果

原照片曝光严重偏差，色彩暗淡，缺乏光线，比较沉闷。本例讲解如何将其调整恢复成原有的真实色彩。制作过程中主要运用了“色阶”、“曲线”和“色相/饱和度”、“亮度/对比度”等命令，具体操作步骤如下。

修复曝光严重偏差的照片

难易度　　色阶　色相/饱和度

1 执行"文件"/"打开"命令，在弹出的"打开"对话框中选择随书光盘中的"素材 1"文件，复制"背景"图层，得到"背景 副本"图层，如下图所示。

2 单击"创建新的填充或调整图层"按钮，在菜单中选择"色阶"命令，设置弹出的"色阶"命令对话框中的参数，如下图所示。

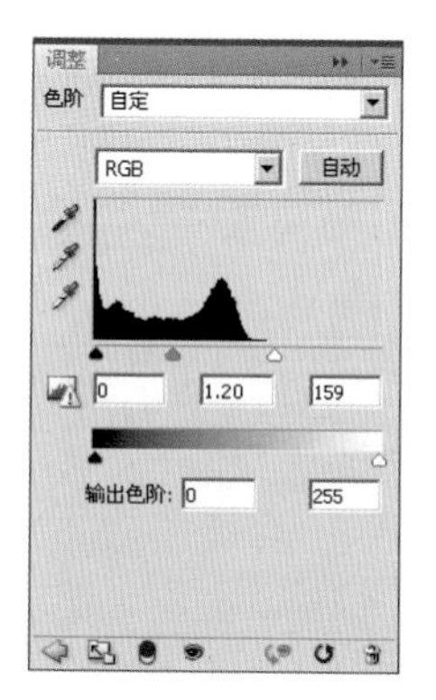

3 设置完"色阶"参数后，自动生成"色阶1"图层，但是我们发现图像中的天空部分过亮了，接下来需要对其进行修饰，效果如下图所示。

4 单击工具箱中的"渐变工具"，设置默认的前景色和背景色，在工具属性栏中选择"前景色到背景色渐变"，然后在画面的中间位置由上至下拖动鼠标，在蒙版的遮挡下，天空恢复了原来的影调，如下图所示的效果。

5 调节对比度。单击"创建新的填充或调整图层"按钮，在菜单中选择"曲线"命令，设置弹出的"曲线"命令对话框中的参数，如下图所示。

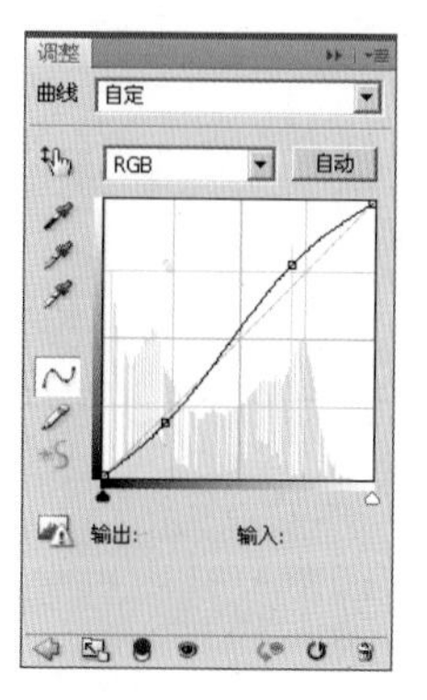

6 设置完"曲线"参数后，自动生成"曲线1"图层，图像的对比度增强了，但是湖面有些过亮，接下来需要对其进行修饰，效果如下图所示。

7）选择工具箱中的“画笔工具”，设置适当的画笔大小后，在“曲线1”的图层蒙版中进行涂抹修饰，得到如下图所示的效果。

8）精细调节色调。单击“创建新的填充或调整图层”按钮，在菜单中选择“色相/饱和度”命令，在弹出的“色相/饱和度”对话框中设置各通道的参数，如下图所示。

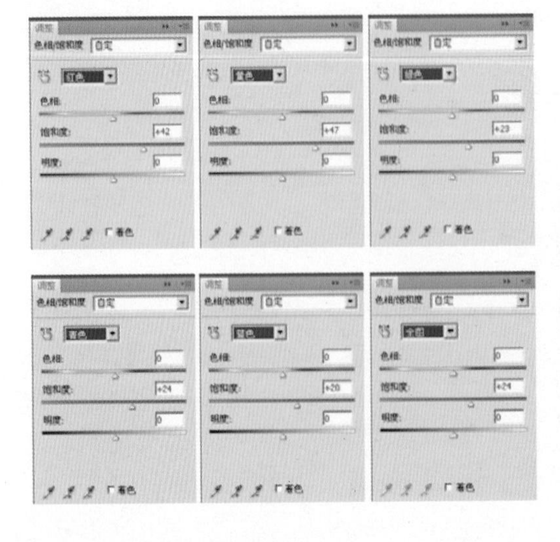

9）设置完“色相/饱和度”参数后，自动生成“色相/饱和度1”图层，图像恢复了原有的色彩，但是还需进一步调节，如下图所示的效果。

10）单击“创建新的填充或调整图层”按钮，在菜单中选择“亮度/对比度”命令，在弹出的“亮度/对比度”命令对话框中设置参数，如下图所示。

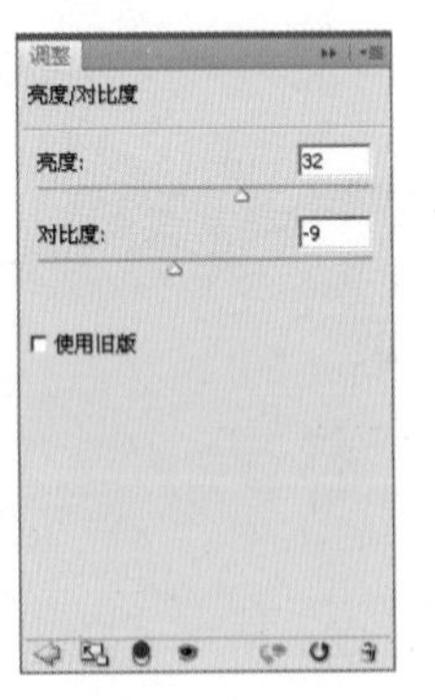

11）设置完“亮度/对比度”参数后，自动生成“亮度/对比度1”图层，得到如下图所示的效果。

12 单击“创建新的填充或调整图层”按钮，在菜单中选择“色阶”命令，在弹出的“色阶”命令对话框中设置其参数，如下图所示。

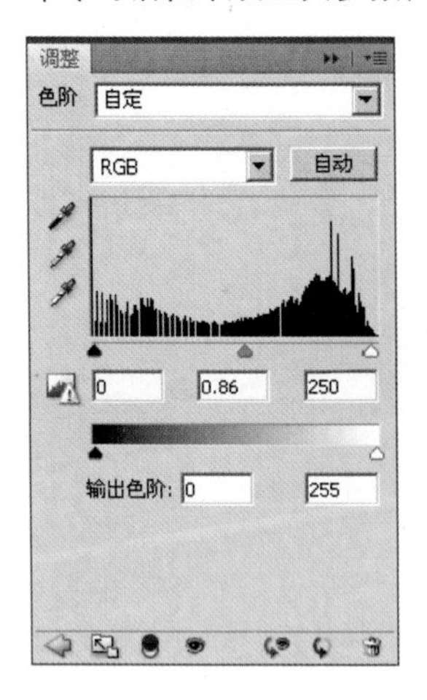

13 设置完“色阶”参数后，自动生成“色阶1”图层，图像的最终效果就制作完成了，图像恢复了原本的艳丽色彩，效果如下图所示。

让夜景的色彩更鲜亮

原照片的色彩非常暗淡，并且倾向于黄色调，画面也不够美丽，所以需要调整照片的色调，使其在视觉上给人一种炫丽夺目的感觉。制作过程中主要运用了“色彩平衡”、“可选颜色”、“色阶”等技巧，具体操作步骤如下。

调整效果

原图效果

难易度　　色彩平衡　可选颜色

让夜景的色彩更鲜亮

① 执行“文件”/“打开”命令，在弹出的“打开”对话框中选择随书光盘中的“素材 1”文件，复制“背景”图层，得到“背景 副本”图层，如下图所示。

② 单击“创建新的填充或调整图层”按钮，在菜单中选择“色彩平衡”命令，在弹出的“色彩平衡”命令对话框中设置其参数，如下图所示。

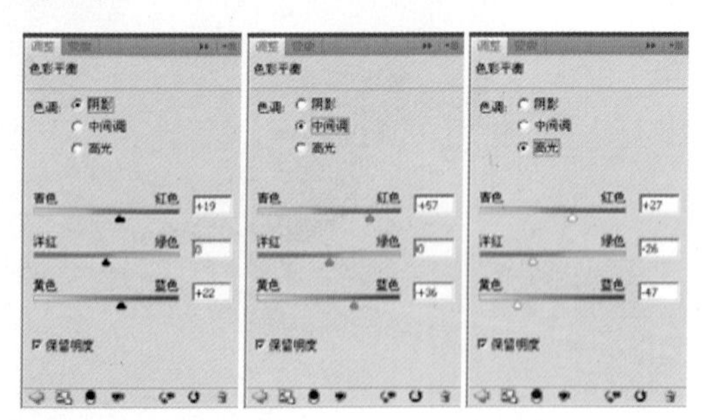

③ 设置完“色彩平衡”参数后，自动生成“色彩平衡1”图层，图像效果及其图层面板如下图所示。

④ 双击前景色图标，在弹出的“拾色器”对话框中设置颜色参数，单击“确定”按钮，如下图所示的设置。

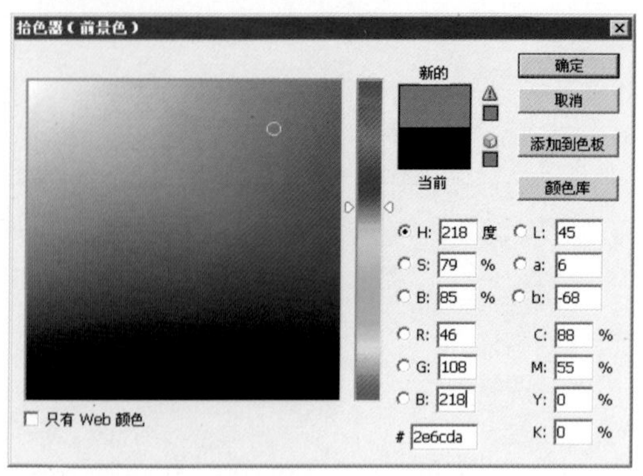

⑤ 新建“图层 1”图层，按【Alt+Delete】键填充前景色，得到的效果如下图所示。

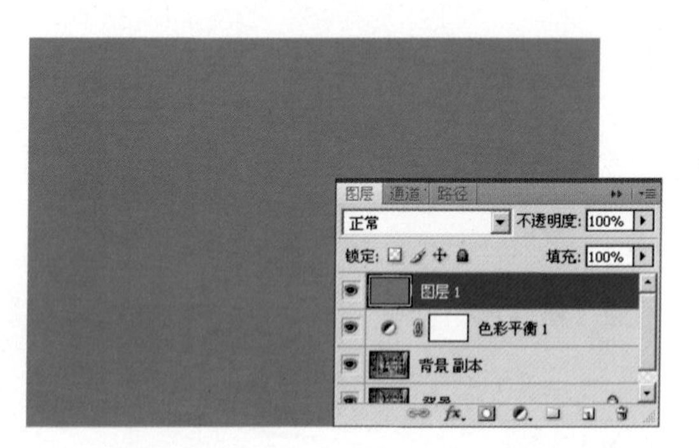

⑥ 将“图层 1”图层的图层混合模式设置为“叠加”，不透明度设置为“50%”，得到如下图所示的效果。

7) 单击“添加图层蒙版”按钮，为“图层1”添加图层蒙版，设置前景色为黑色，使用“画笔工具”并设置适当的画笔大小和透明度后，在画面中较黑的位置涂抹，效果如下图所示。

8) 单击“创建新的填充或调整图层”按钮，在菜单中选择“可选颜色”命令，在弹出的“可选颜色”命令对话框中设置各通道的参数，如下图所示。

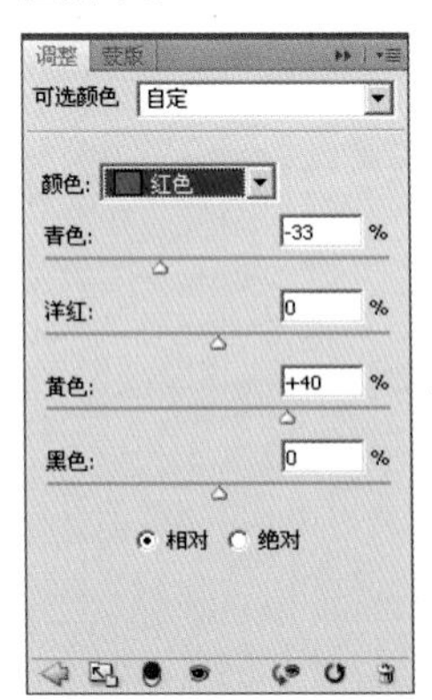

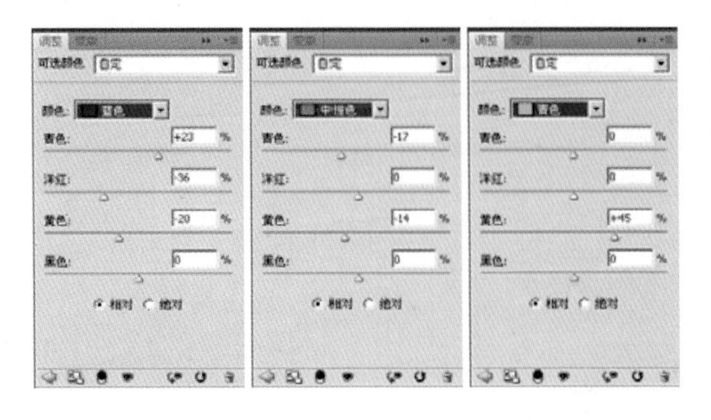

9) 设置完“可选颜色”参数后，自动生成“选取颜色1”图层，图像效果及其图层面板如下图所示。

10) 单击“创建新的填充或调整图层”按钮，在菜单中选择“色彩平衡”命令，在弹出的“色彩平衡”命令对话框中设置其参数，如下图所示。

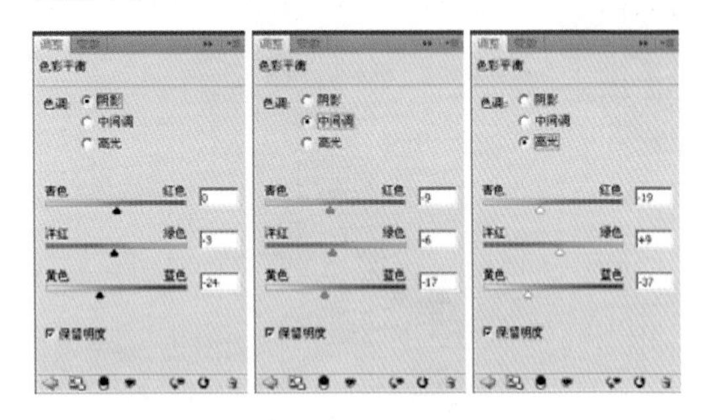

11) 设置完“色彩平衡”参数后，自动生成“色彩平衡2”图层，图像效果及其图层面板如下图所示。

让夜景的色彩更鲜亮

⑫ 单击“创建新的填充或调整图层”按钮，在菜单中选择“色阶”命令，在弹出的“色阶”命令对话框中设置其参数，如下图所示。

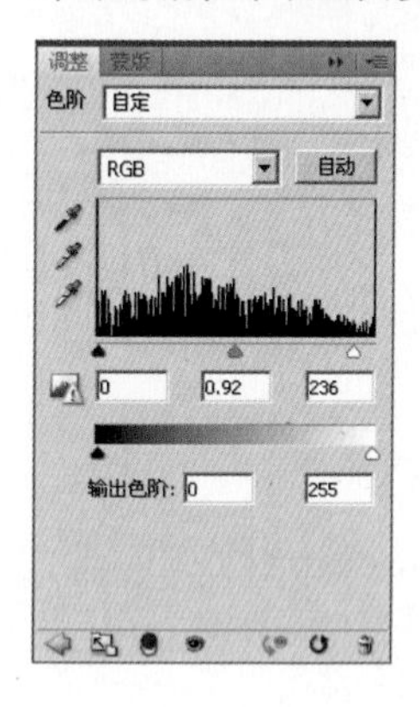

⑬ 设置完“色阶”参数后，自动生成“色阶1”图层，得到图像的最终效果如下图所示。

让照片的色彩更加艳丽

调整效果

原照片色彩暗淡，缺乏光线，整体色彩比较沉闷。本例讲解如何将其调整以达到色彩艳丽的效果。制作过程中主要运用了“色阶”，“曲线”和“色相/饱和度”等命令，希望读者在学习完本例之后，能够做到举一反三。

原图效果

难易度　　曲线　色相/饱和度

① 执行“文件”/“打开”命令，在弹出的“打开”对话框中选择随书光盘中的“素材 1”文件，复制“背景”图层，得到“背景 副本”图层，如图a所示。

② 单击“创建新的填充或调整图层”按钮，在菜单中选择“色阶”命令，设置弹出的“色阶”命令对话框中的参数，如图b所示的设置。

图a

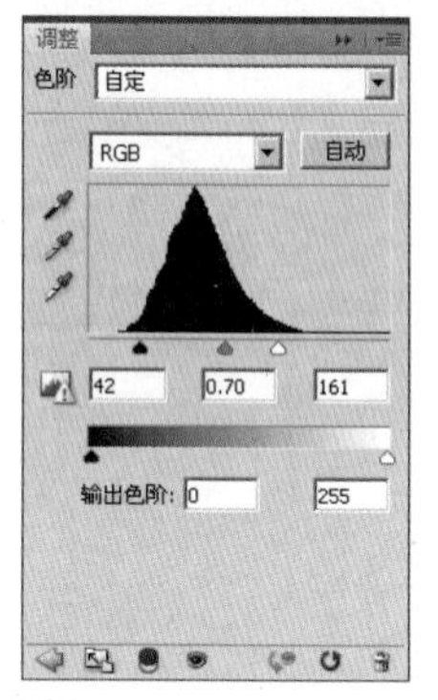

图b

3）设置完“色阶”参数后，自动生成“色阶1”图层，图像及其图层面板如下图所示。

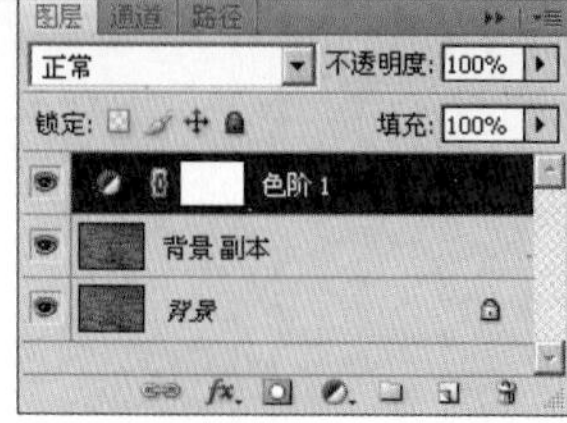

4）调节图像的对比度。单击“创建新的填充或调整图层”按钮，在菜单中选择“曲线”命令，设置弹出的“曲线”命令对话框中的参数，如下图所示的设置。

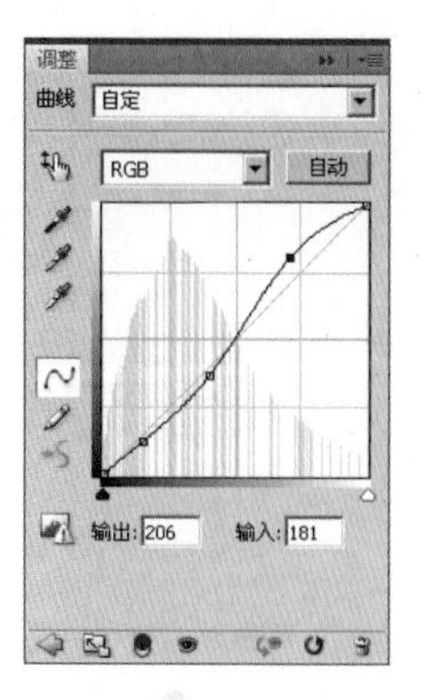

5）设置完“曲线”参数后，自动生成“曲线1”图层，图像对比度增强了，但是发现画面的右上角比较暗，显得没有层次感，接下来进行调整，效果如下图所示。

6）单击工具箱中的“渐变工具”，设置默认的前景色和背景色，在工具属性栏中选择“前景色到背景色渐变”，如下图所示。

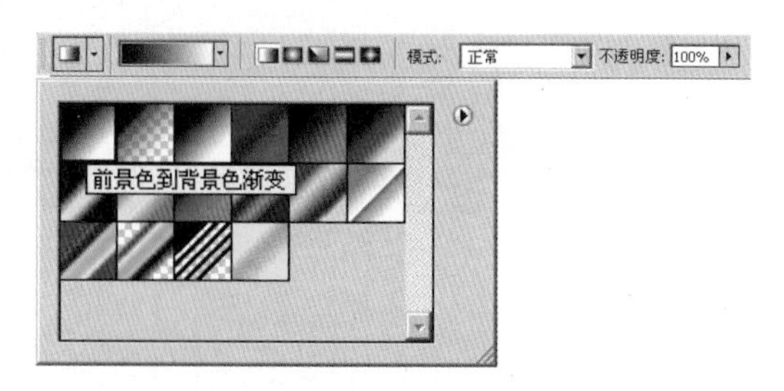

⑦ 在画面中右上角的位置，由右上至左下拖动鼠标，拉出渐变，在蒙版的遮挡下右上角恢复了原来的影调，效果如下图所示。

⑧ 精细调整色调。单击"创建新的填充或调整图层"按钮，在菜单中选择"色相/饱和度"命令，设置弹出的"色相/饱和度"命令对话框中的参数，如下图所示。

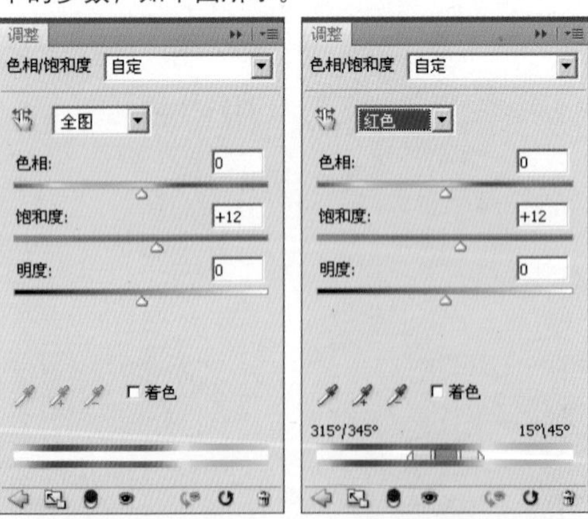

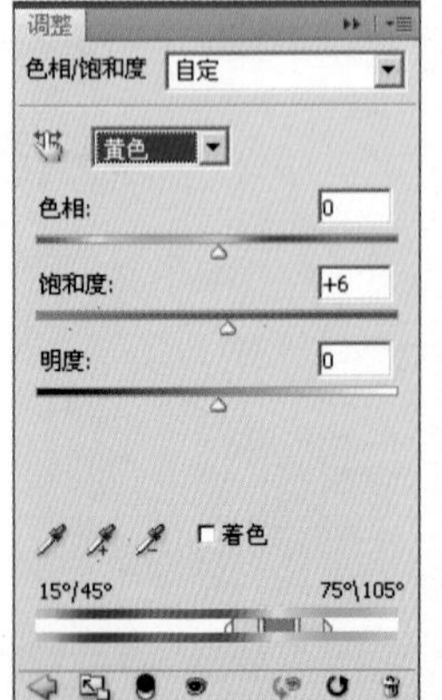

⑨ 设置完"色相/饱和度"参数后，自动生成"色相/饱和度1"图层，图像的最终效果就制作完成了，整个画面色彩显得艳丽辉煌，效果如下图所示。

人像的锐化

本例讲解的是将一张略微模糊的人像照片通过Photoshop软件的处理，将其变得更清晰。制作过程中使用滤镜中的“高反差保留”命令、图层混合模式中的“叠加”来实现锐化效果，具体操作步骤如下。

调整效果

原图效果

难易度 色阶 高反差保留

① 执行“文件”/“打开”命令，在弹出的“打开”对话框中选择随书光盘中的“素材 1”文件，图像及其图层面板如下图所示。

② 复制“背景”图层，得到“背景副本”图层，再复制“背景”图层，得到“背景副本2”图层，然后将“背景”图层隐藏，图层面板如下图所示。

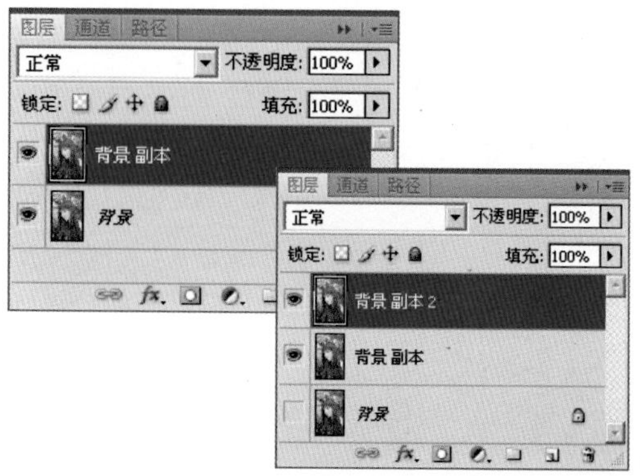

3）确定“背景副本2”图层为当前操作图层，执行菜单栏中的“图像”/“调整”/“去色”命令，将图像转换为灰度效果，效果如下图所示。

4）执行菜单栏中的“滤镜”/“其它”/“高反差保留”命令，设置弹出的“高反差保留”对话框中的参数后单击“确定”按钮，得到如下图所示的效果。

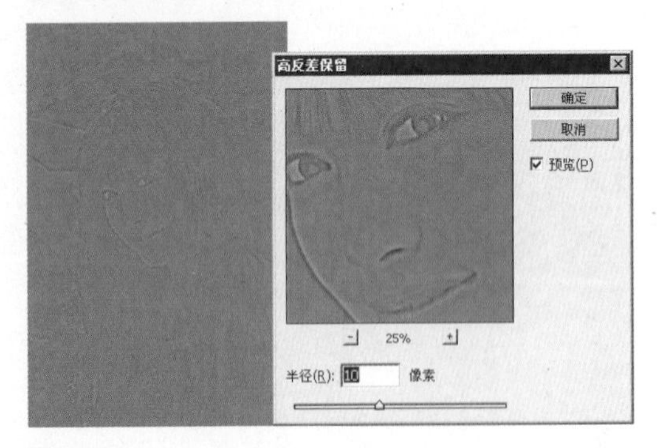

5）将“背景副本2”的图层混合模式设置为“叠加”，“高反差保留”后的“叠加”，图像变得清晰了，得到如下图所示的效果。

6）单击“创建新的填充或调整图层”按钮，在菜单中选择“色阶”命令，设置弹出的“色阶”命令对话框中的参数，如下图所示。

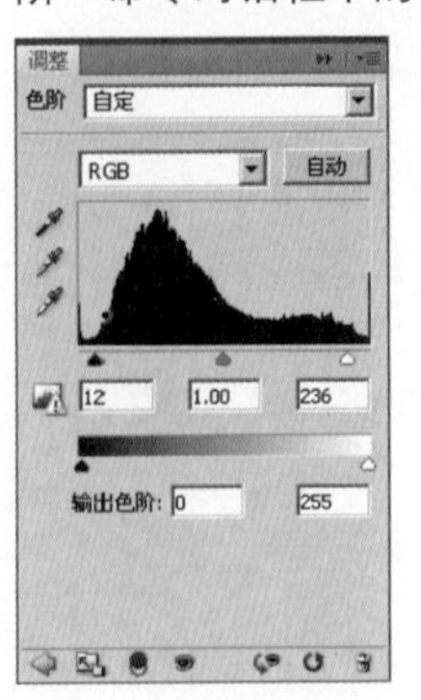

7）设置完“色阶”参数后，自动生成“色阶1”图层，人像锐化的最终效果就制作完成了，效果如下图所示。

爱 摄 影

Part 04

瑕疵美化篇

痘痘不见了

调整效果

原图效果

难易度 污点修复画笔工具

拍照原本是一件充满乐趣的事，但往往因为脸上长了痘痘，导致许多人不愿意照相，本章讲解如何在照片上去除人物脸上的痘痘，从此不必再为拍照而担心。

痘痘不见了

① 执行“文件”/“打开”命令，在弹出的“打开”对话框中选择随书光盘中的“素材 1”文件，复制“背景”图层，得到“背景 副本”图层，如下图所示。

② 使用工具箱中的“放大工具”，将照片放大到可以清晰地看见人物的面部，发现有很多小痘痘，需要修整，如下图所示。

③ 选择工具箱中的“污点修复画笔工具”，设置适当的画笔大小，如下图所示。

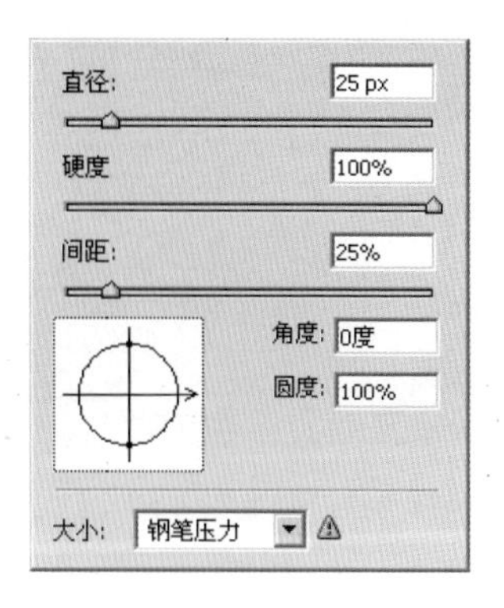

④ 使用工具箱中的“污点修复画笔工具”，对脸部痘痘加以修复，效果如下图所示。

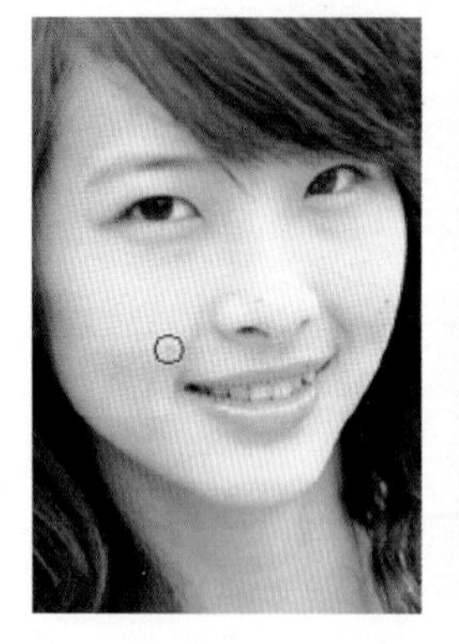

⑤ 修复完成后，人物脸部的痘痘就被去除了，人物皮肤变得光滑白皙了，得到如下图所示的最终效果。

让牙齿更美白

开口笑时露出一副健康美白的牙齿是每个人都渴望的。如果你想拍摄一张开口笑的照片，是否因为牙齿不够白而放弃呢？现在不用担心了，下面让你找回自信。

调整效果

原图效果

难易度 色相/饱和度

1）执行“文件”/“打开”命令，在弹出的“打开”对话框中选择随书光盘中的“素材 1”文件，图像及其图层面板如右图所示。

2) 使用工具箱中的“放大工具”，将照片放大到可以清晰地看见人物的牙齿部分，发现牙齿偏黄，需要修整，如下图所示。

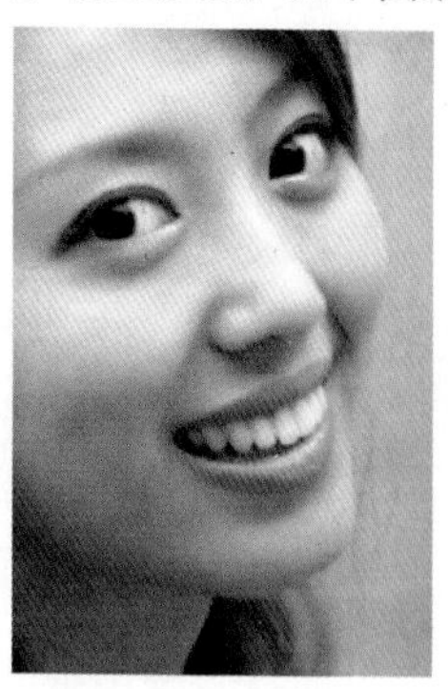

3) 使用工具箱中的“多边形套索工具”，沿着牙齿的边缘绘制牙齿的选区，将要美白的牙齿部分选取，效果如下图所示。

4) 按快捷键【Shift+F6】键，在弹出的“羽化选区”对话框中设置参数后单击“确定”按钮，效果如下图所示。

羽化选区

羽化半径(R): 2 像素

确定

取消

5) 单击“创建新的填充或调整图层”按钮，在菜单中选择“色相/饱和度”命令，在弹出的“色相/饱和度”对话框中设置参数，如下图所示。

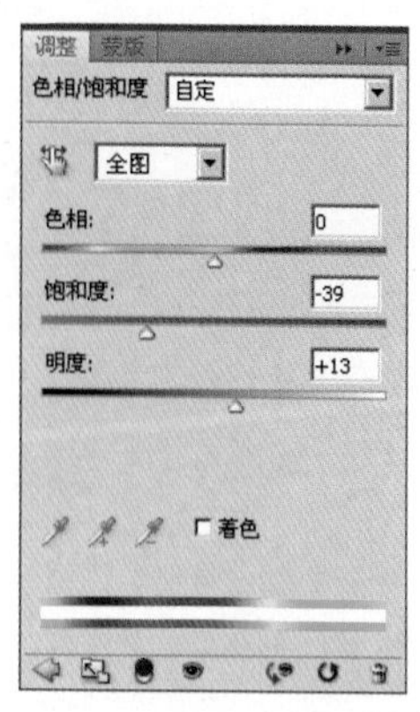

6) 设置完“色相/饱和度”参数后，自动生成“色相/饱和度1”图层，观察人物的牙齿，变得洁白了，效果如下图所示。

7) 通过“色相/饱和度”命令的设置，美白牙齿的最终效果就制作完成了，效果如下图所示。

简简单单去除闪光红眼

调整效果

原图效果

难易度　　红眼工具

原照片是在室内拍摄的，由于光线比较暗，导致人物出现红眼，影响了照片的美观，需要对其进行调整。本例主要运用红眼工具、色阶命令，需要注意的是使用红眼工具时，一定先设置好红眼工具的参数，以免去除后效果不真实。

简简单单去除闪光红眼

1 执行“文件”/“打开”命令，在弹出的“打开”对话框中选择随书光盘中的“素材 1”文件，复制“背景”图层，得到“背景 副本”图层，如下图所示。

2 使用工具箱中的“放大工具”，将照片放大到可以清晰地看见人物的左眼，需要去除红眼，如下图所示。

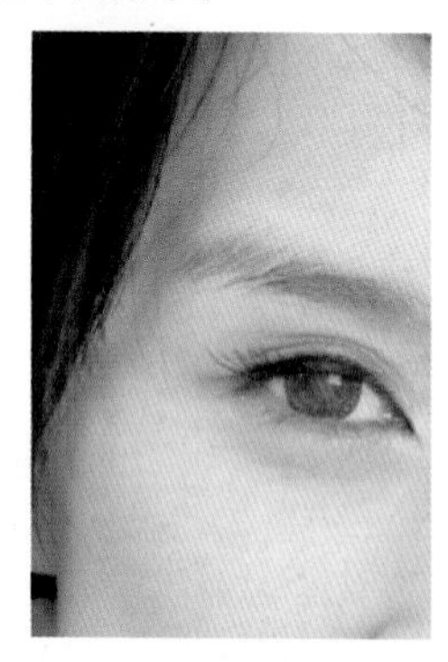

3 设置前景色为黑色，单击工具箱中的“红眼工具”，在属性栏上设置各项参数，在人物的左眼部分进行框选，得到效果如下图所示。

4 使用同样的方法，对人物的另一只眼睛进行框选，去除红眼，效果如下图所示。

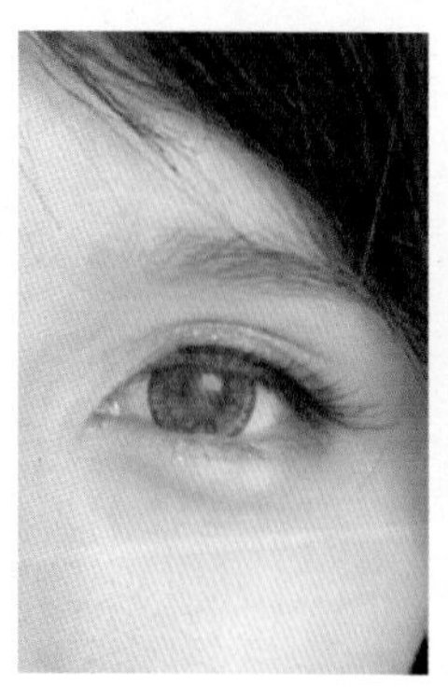

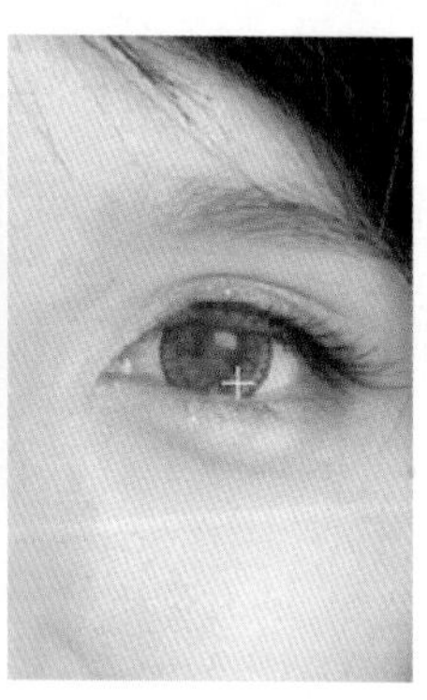

5 单击“创建新的填充或调整图层”按钮，在菜单中选择“色阶”命令，设置弹出的“色阶”命令对话框中的参数，如下图所示。

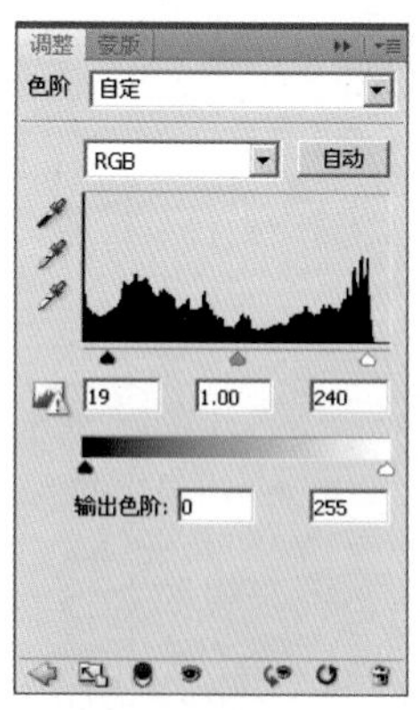

6 设置完“色阶”参数后，自动生成“色阶 1”图层，得到图像的最终效果，如下图所示。

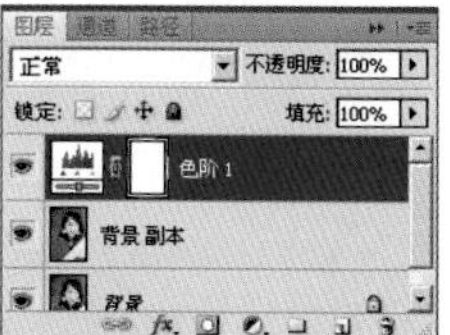

润泽的嘴唇

调整效果

原图效果

难易度　　钢笔工具　色彩平衡

本例讲解的是“上唇彩”，打造润泽的嘴唇。主要运用“钢笔工具”和“色彩平衡”命令，具体操作步骤如下。

润泽的嘴唇

1) 执行“文件”/“打开”命令，在弹出的“打开”对话框中选择随书光盘中的“素材 1”文件，复制“背景”图层，得到“背景副本”图层，如下图所示。

2) 使用工具箱中的“缩放工具”，将图像放大到可以清晰地观察到人物的嘴唇，效果如下图所示。

3) 使用工具箱中的“钢笔工具”，在工具选项栏中单击“路径”按钮，绘制嘴巴的轮廓路径，按【Ctrl+Enter】快捷键，将路径转换为选区，得到如下图所示的效果。

4) 按快捷键【Shift+F6】执行羽化选区命令，在弹出的“羽化选区”对话框中设置其参数后，单击“确定”按钮，得到效果如下图所示。

5) 润泽人物的嘴唇。单击“创建新的填充或调整图层”按钮，在菜单中选择“色彩平衡”命令，在弹出的“色彩平衡”命令对话框中设置其参数，如下图所示。

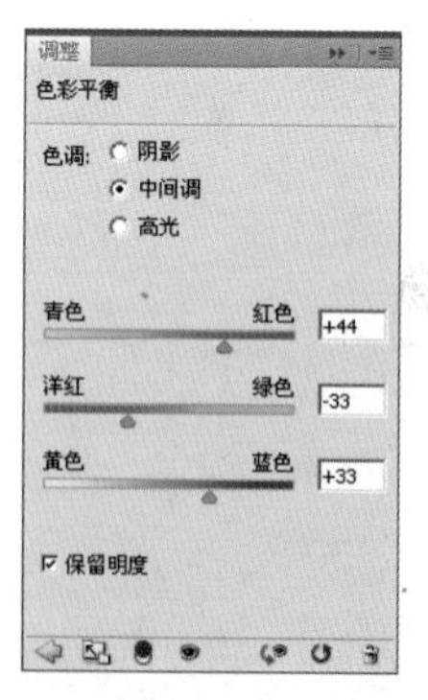

6) 设置完“色彩平衡”参数后，自动生成“色彩平衡1”图层，图像中人物的嘴唇变得光滑润泽，图像的最终效果如下图所示。

快速瘦身术

调整效果

原图效果

难易度 液化

本例主要是运用“滤镜”中的“液化”命令快速为人物瘦身，修整过程中注意人物的整体身材比例，具体操作步骤如下。

① 执行“文件”/“打开”命令，在弹出的“打开”对话框中选择随书光盘中的“素材 1”文件，复制“背景”图层，得到“背景 副本”图层，如下图所示。

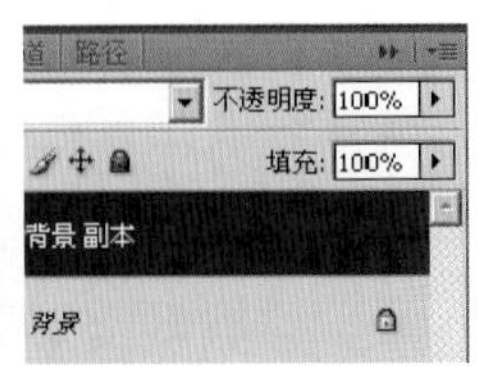

② 执行菜单栏中执行“滤镜”/“液化”命令，在弹出的“液化”对话框中单击“褶皱工具”按钮，调整笔触大小后在人物腰部进行处理，如下图所示。

③ 完成后单击“确定”按钮，注意不要过瘦，要保留人物的整体身材比例，最终效果如下图所示。

快速染发

本例是利用“快速蒙版”工具为人物快速染发，制作过程中运用到了“画笔”工具、“色阶”等命令，具体操作步骤如下。

调整效果

原图效果

难易度 快速蒙版 色阶

1 执行“文件”/“打开”命令，在弹出的“打开”对话框中选择随书光盘中的“素材 1”文件，图像及其图层面板如右图所示。

2）复制“背景”图层，得到“背景 副本”图层。然后选择“背景 副本”图层并将其图层的混合模式设置为“滤色”，不透明度设置为“70%”，得到如下图所示的效果。

3）单击工具箱底部的“以快速蒙版模式编辑”按钮，然后使用工具箱中的“画笔工具”并设置适当的画笔大小，在头发的位置进行涂抹，得到如下图所示的效果。

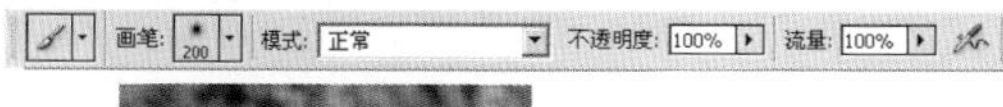

4）单击工具箱底部的“以标准模式编辑”按钮，红色蒙版部分转换为选区了，然后按【Ctrl+Shift+I】键将选区反选，效果如下图所示。

5）执行菜单栏中的“图层”/“新建填充图层”/“纯色”命令，在弹出的对话框中选择“红色”，模式为“柔光”，设置好颜色后单击“确定”按钮，如下图所示。

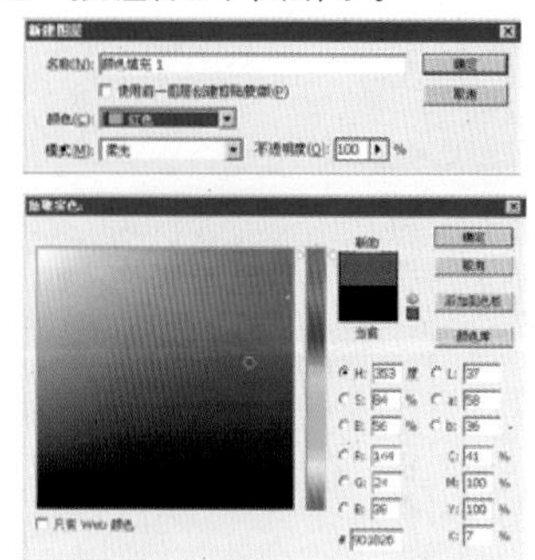

6）设置完成后，自动生成“颜色填充 1”图层，将其不透明度设置为“70%”，图像效果如下图所示。

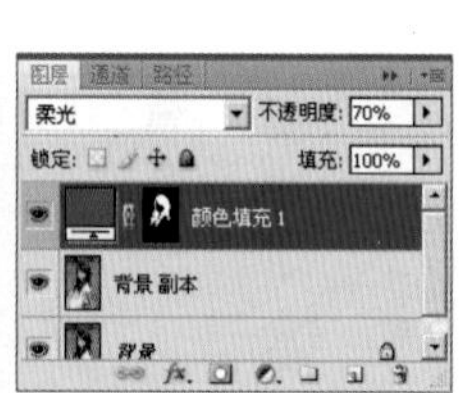

7）单击“创建新的填充或调整图层”按钮，在菜单中选择“色阶”命令，设置弹出的“色阶”命令对话框中的参数，如下图所示。

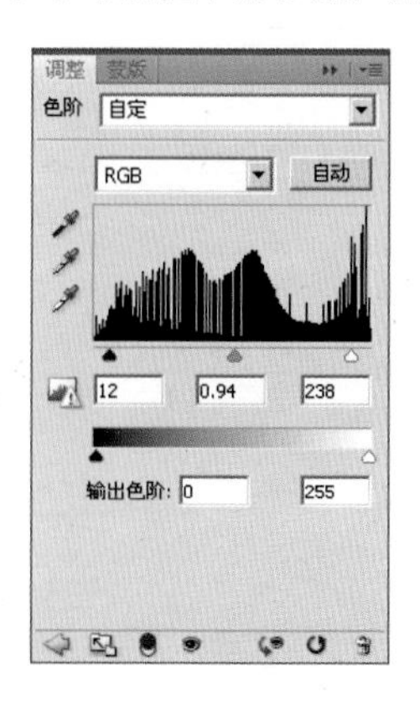

换个喜欢的衣服颜色

本例讲解的是如何更换人物的衣服颜色。制作过程中主要运用了“快速选择工具”和“色相/饱和度命令”。

调整效果

原图效果

难易度　　快速选择工具　色相/饱和度

1 执行“文件”/“打开”命令，在弹出的“打开”对话框中选择随书光盘中的“素材1”文件，复制“背景”图层，得到“背景 副本”图层，如右图所示。

2 单击工具箱中的"快速选择工具"，设置适当的画笔大小后将图像中人物蓝色衣服部分载入选区，效果如下图所示。

3 然后选择工具箱中的"多边形套索工具"，设置工具栏中的属性后将选区中的人物的围巾减去，只留下衣服部分，得到如下图所示的效果。

4 单击"创建新的填充或调整图层"按钮，在弹出的菜单中选择"色相/饱和度"命令，设置弹出的"色相/饱和度"命令对话框中的参数，如下图所示。

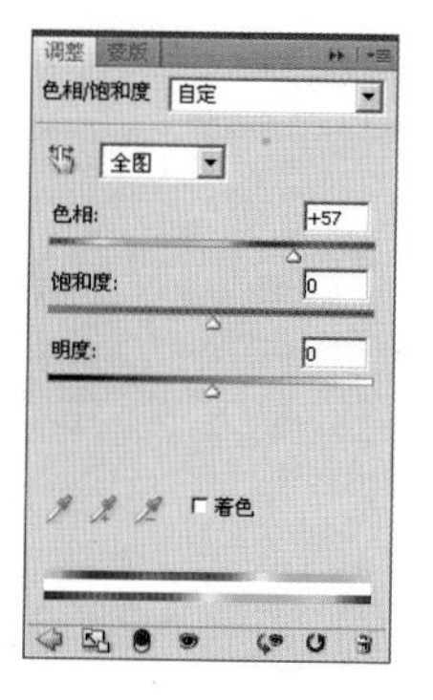

5 设置完成后自动生成"色相/饱和度1"图层，图像中人物的衣服变成紫色了，根据自己的喜好还可以更换不同的颜色，图像效果如下图所示。

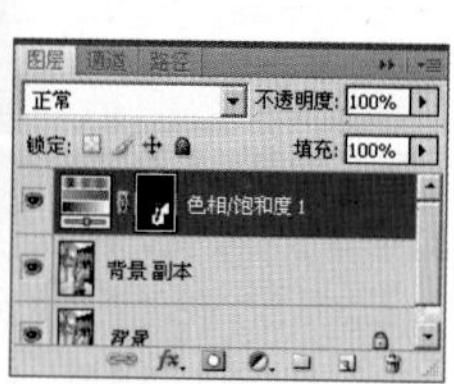

6 由于图像中人物衣服的颜色比较单一，还可以用另一种方法直接更换颜色。同样还是打开"素材 1"文件，如下图所示。

7 单击"创建新的填充或调整图层"按钮，在菜单中选择"色相/饱和度"命令，在弹出的"色相/饱和度"命令对话框中选择"蓝色"，然后设置其参数以更换衣服的颜色，得到图像效果如下图所示。

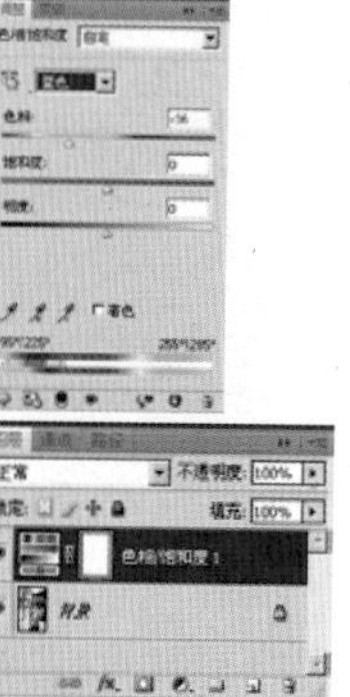

本例主要是运用Photoshop软件中自带的滤镜“减少杂色”命令进行磨皮美白。制作过程中配合使用图层混合模式中的“柔光”等技巧，学习完本节相信你可以轻松为自己美白啦。

调整效果

原图效果

难易度　　正片叠底　USM锐化

1）执行“文件”/“打开”命令，在弹出的“打开”对话框中选择随书光盘中的“素材 1”文件，复制“背景”图层，得到“背景 副本”图层，如右图所示。

2 单击工具箱中的“污点修复画笔工具”并设置适当的画笔大小，在图像中去除人物脸部的斑点，效果如下图所示。

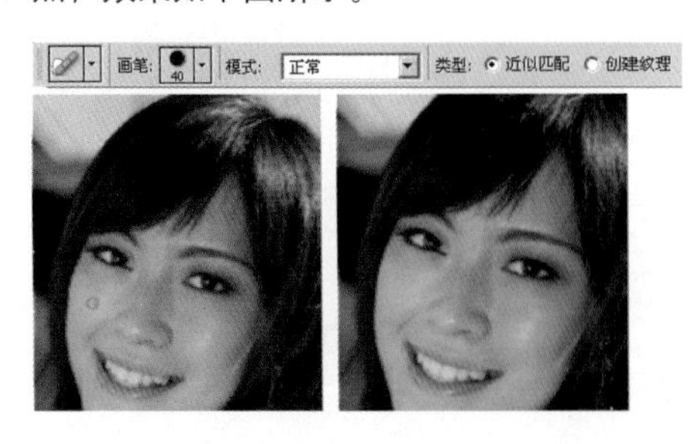

3 执行菜单栏中的“滤镜”/“杂色”/“减少杂色”命令，在弹出的“减少杂色”对话框中设置其参数，如下图所示。

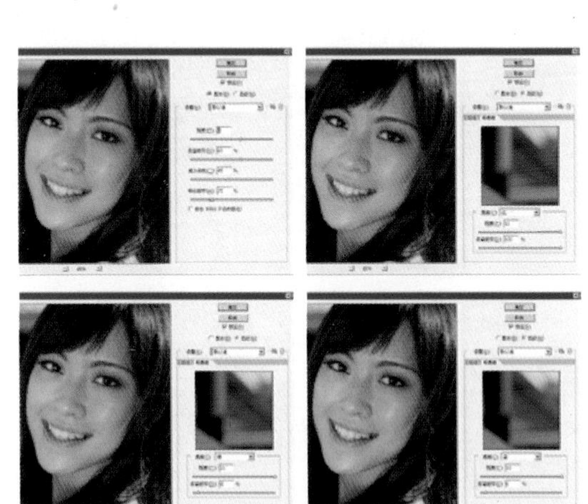

4 设置完“减少杂色”命令后，单击“确定”按钮，照片中的人物和背景部分杂色被去除了，得到如下图所示的效果。

5 执行菜单栏中的“图像”/“调整”/“匹配颜色”命令，在弹出的“匹配颜色”对话框中勾选“中和”，单击“确定”按钮，得到如下图所示的效果。

6 执行菜单栏中的“图像”/“应用图像”命令，在弹出的对话框中设置参数，单击“确定”按钮，得到如下图所示的效果。

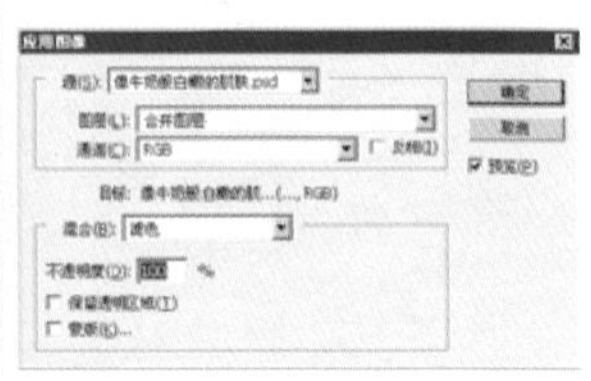

7 拖动“背景副本”图层到图层面板底部的“创建新图层”按钮上，对其进行复制操作，得到“背景副本2”图层，如下图所示。

8 执行菜单栏中的“滤镜”/“模糊”/“高斯模糊”命令，在弹出的“高斯模糊”对话框中设置其参数后单击“确定”按钮，得到如下图所示的效果。

9 将“背景 副本2”图层的混合模式为“柔光”，不透明度为“50%”，得到如下图所示的效果。

10 单击“创建新的填充或调整图层”按钮，在菜单中选择“色相/饱和度”命令，在弹出的“色相/饱和度”命令对话框中设置参数，如下图所示。

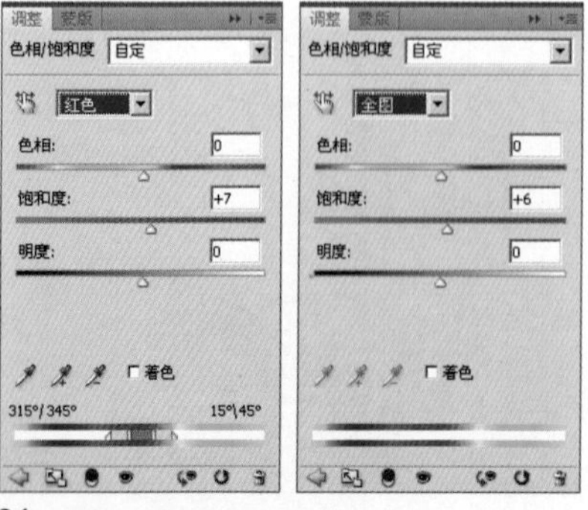

11 设置完“色相/饱和度”参数后，自动生成“色相/饱和度1”图层，得到如下图所示的效果。

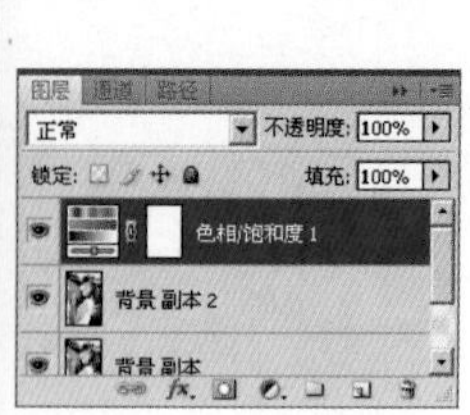

12 单击“创建新的填充或调整图层”按钮，在菜单中选择“色阶”命令，在弹出的“色阶”命令对话框中设置其参数，如下图所示。

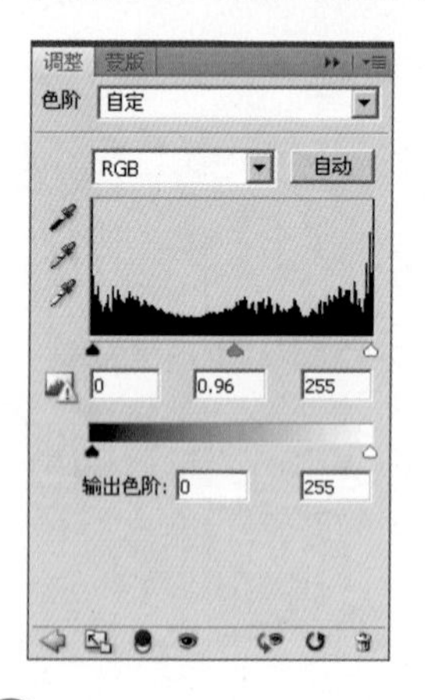

13 设置完“色阶”参数后，自动生成“色阶1”图层，图像的最终效果就制作完成了，效果如下图所示。

让皮肤吹弹即破、光彩照人

调整效果

原图效果

难易度　　计算　高反差保留

本例主要是运用Photoshop软件中“计算”命令和自带的滤镜“高反差保留”命令进行磨皮美白。制作过程中配合使用图层混合模式中的“滤色”等技巧，学习完本节相信你可以轻松为自己制作光彩照人的艺术照啦。

1) 执行“文件”/“打开”命令，在弹出的“打开”对话框中选择随书光盘中的“素材 1”文件，图像及其图层面板如下图所示。

2) 复制“背景”图层，得到“背景 副本”图层，并将其图层混合模式设置为“滤色”，得到如下图所示的效果。

3) 单击“创建新的填充或调整图层”按钮，在菜单中选择“曲线”命令，在弹出的“曲线”命令对话框中设置其参数，如下图所示。

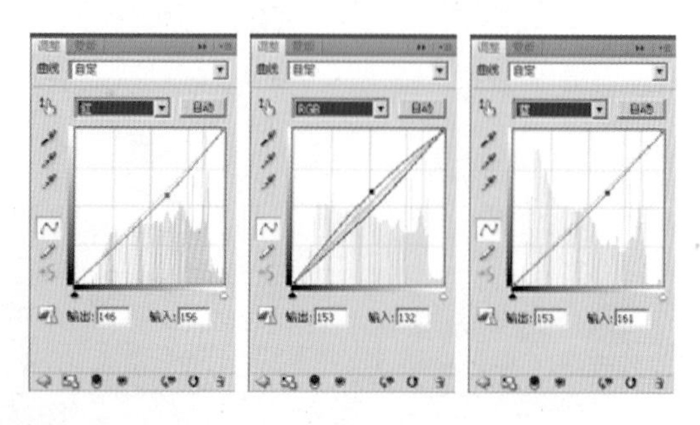

4) 设置完“曲线”参数后，自动生成“曲线1”图层，图像效果及其图层面板如下图所示。

5) 单击“创建新的填充或调整图层”按钮，在菜单中选择“色阶”命令，在弹出的“色阶”命令对话框中设置其参数，如下图所示。

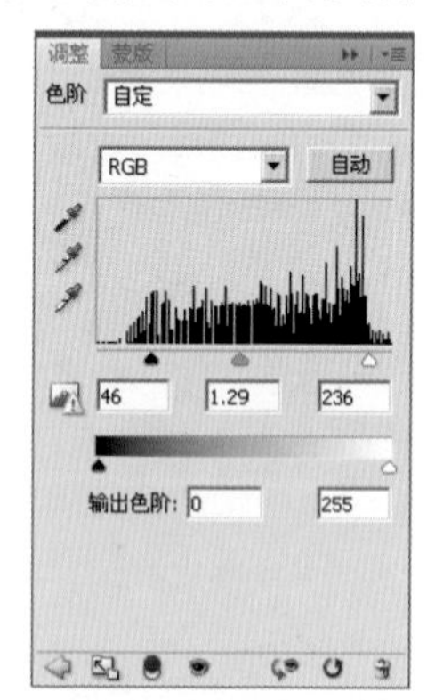

6) 设置完“色阶”参数后，自动生成“色阶1”图层，按快捷键【Ctrl+Shift+Alt+E】执行盖印图层命令，生成“图层 1”图层，得到如下图所示的效果。

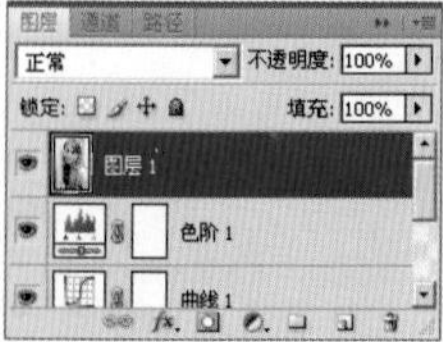

7）单击“通道”面板，复制“绿”通道，得到“绿 副本”通道，图像及其通道面板如下图所示。

8）确定“绿 副本”通道为当前操作通道，执行菜单栏中的“滤镜”／“其它”／“高反差保留”命令，在弹出的“高反差保留”对话框中设置其参数后单击“确定”按钮，得到如下图所示的效果。

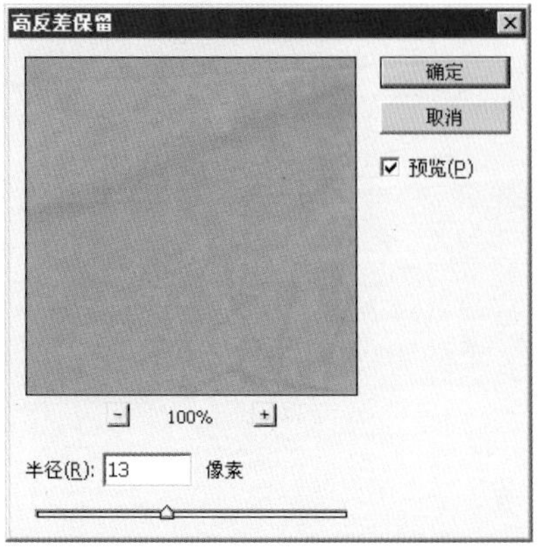

9）执行菜单栏中的“图像”／“计算”命令，在弹出的“计算”对话框中的“混合”下拉列表框中选择“强光”，单击“确定”按钮，生成“Alpha1”通道，对话框中的选项设置以及得到的图像效果如下图所示。

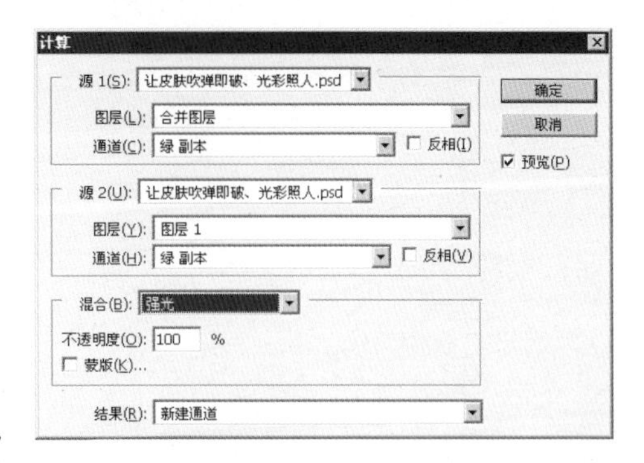

10）重复两次上一步的操作步骤，分别生成“Alpha2”通道和“Alpha3”通道，得到如下图所示的效果。

11 按住【Ctrl】键单击“Alpha3”通道，生成选区，然后按快捷键【Ctrl+Shift+I】将选区反选，得到如下图所示的效果。

12 切换到图层面板，单击“图层 1”图层，得到的图像选区及其图层面板如下图所示。

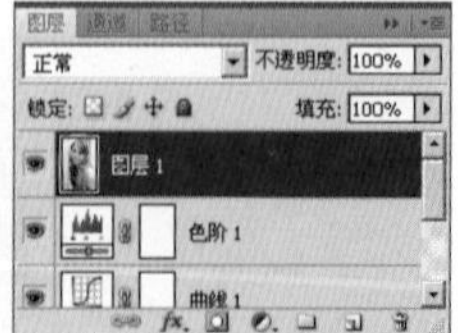

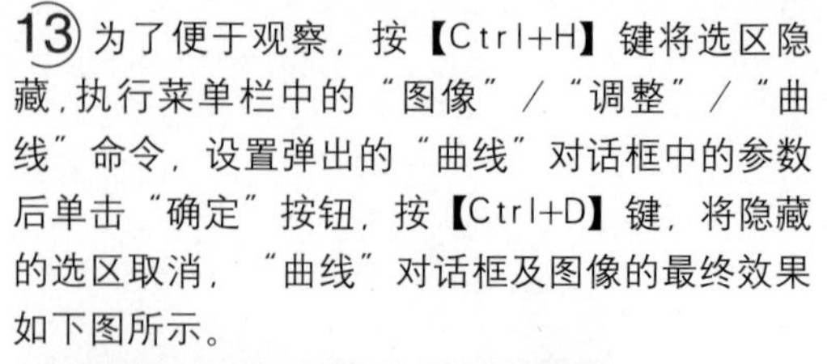
13 为了便于观察，按【Ctrl+H】键将选区隐藏，执行菜单栏中的“图像”/“调整”/“曲线”命令，设置弹出的“曲线”对话框中的参数后单击“确定”按钮，按【Ctrl+D】键，将隐藏的选区取消，“曲线”对话框及图像的最终效果如下图所示。

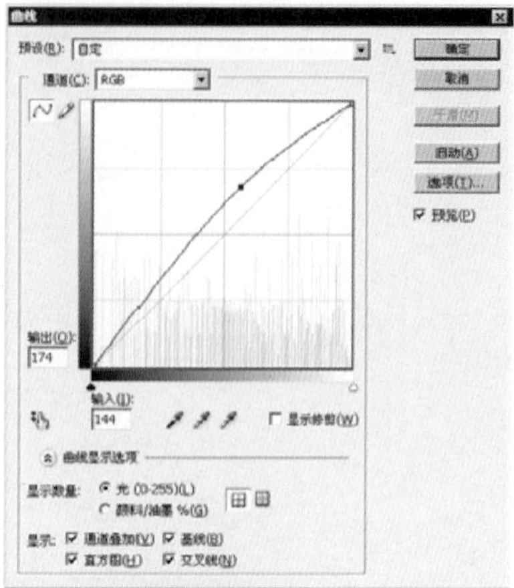

爱 摄 影

Part 05

气氛营造篇

创作Lomo效果

调整效果

原图效果

难易度　色彩平衡　光照效果

LOMO照片是用LOMO相机拍摄的中间部分明亮，中间向边缘部分逐渐变暗的效果，而这种效果常是专业人士在拍摄过程中所特有的技巧，这里将向大家介绍如何通过软件制作出LOMO风格的照片。

1 执行“文件”/“打开”命令，在弹出的“打开”对话框中选择随书光盘中的“素材 1”文件，复制“背景”图层，得到“背景 副本”图层，如下图所示。

2 单击“创建新的填充或调整图层”按钮，在菜单中选择“色彩平衡”命令，在弹出的“色彩平衡”命令对话框中设置参数，如下图所示。

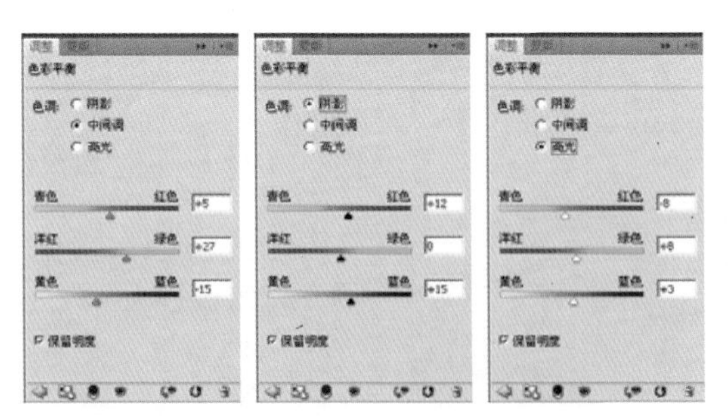

3 设置完“色彩平衡”参数后，自动生成“色彩平衡1”图层，得到如下图所示的效果。

4 按【Ctrl+Shift+Alt+E】键执行盖印图层命令，生成“图层 1”图层，图像及其图层面板，如下图所示。

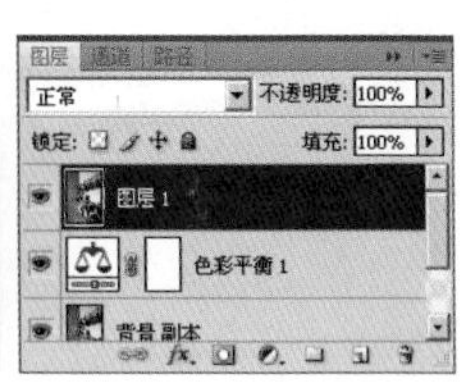

5 将“图层 1”图层的图层混合模式设置为“柔光”，不透明度设置为“50%”，得到如下图所示的效果。

6 单击“创建新的填充或调整图层”按钮，在菜单中选择“纯色”命令，在弹出的“拾取实色”命令对话框中设置颜色参数后单击“确定”按钮，生成“颜色填充1”图层，如下图所示。

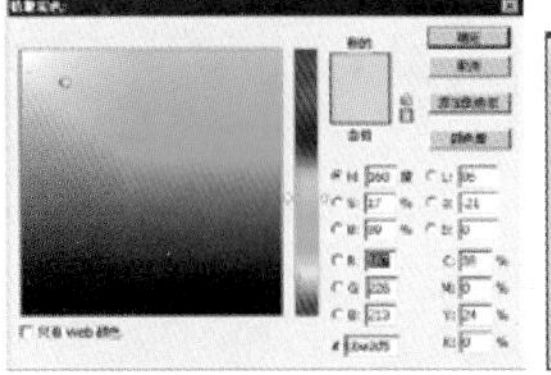

7 将“颜色填充 1”图层的图层混合模式设置为“柔光”，不透明度设置为“50%”，得到如下图所示的效果。

8 按【Ctrl+Shift+Alt+E】键执行盖印图层命令，生成“图层 2”图层，图像及其图层面板，如下图所示。

9 执行菜单栏中的“滤镜”/“渲染”/“光照效果”命令，在弹出的“光照效果”对话框中设置其参数后单击“确定”按钮，得到图像的最终效果如下图所示。

10 “光照效果”可以重新设置，根据个人喜好，选择不同的角度进行打光，如下图所示。

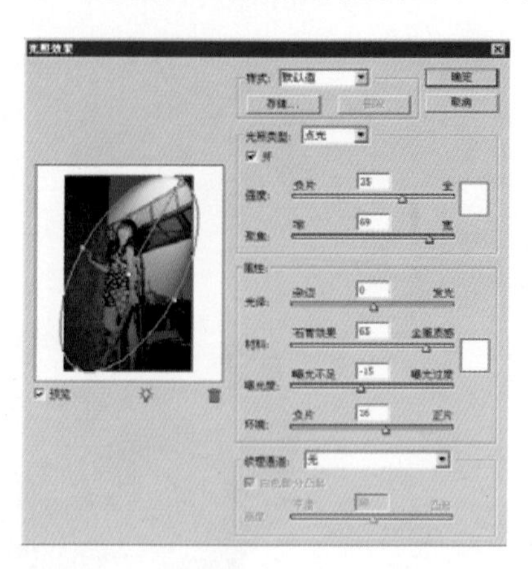

11 设置完参数后，单击“确定”按钮，得到图像的另一种光照效果，如下图所示。

单色调照片效果

调整效果

本例中将原照片调整为单色效果，以便更好地表达出照片的氛围和环境。本实例主要运用了“亮度/对比度”、“渐变映射”、“色阶”等命令，希望读者可以从中学习相关的技巧。

原图效果

难易度　　色阶　渐变映射

1 执行“文件”/“打开”命令，在弹出的“打开”对话框中选择随书光盘中的“素材 1”文件，复制“背景”图层，得到“背景 副本”图层，如左图所示。

2）单击“创建新的填充或调整图层”按钮，在菜单中选择“亮度/对比度”命令，设置弹出的“亮度/对比度”命令对话框中的参数，如下图所示。

3）设置完“亮度/对比度”参数后，自动生成“亮度/对比度1”图层，得到的效果如下图所示。

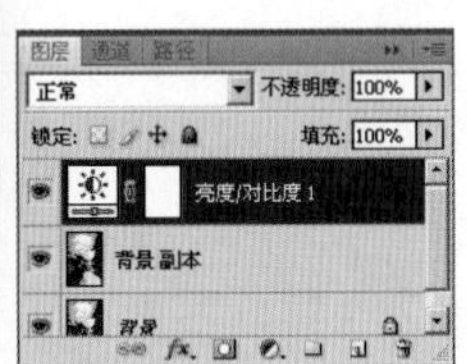

4）单击“创建新的填充或调整图层”按钮，在菜单中选择“渐变映射”命令，在弹出的“渐变映射”对话框中单击“渐变条”，并在弹出的“渐变编辑器”中设置渐变颜色，如下图所示。

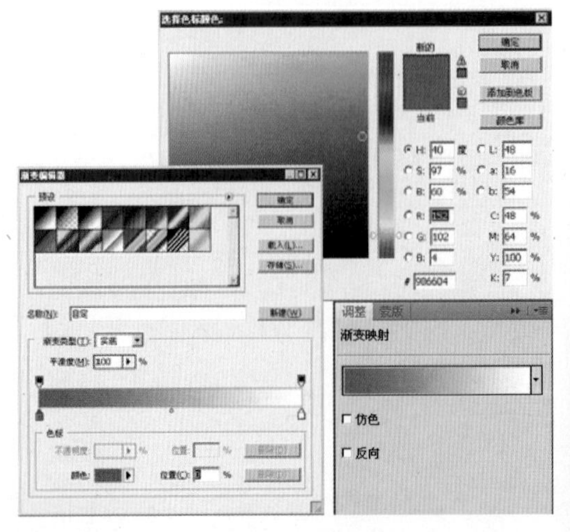

5）设置完“渐变映射”参数后，自动生成“渐变映射1”图层，得到如下图所示的效果。

6）单击“创建新的填充或调整图层”按钮，在菜单中选择“色阶”命令，设置弹出的“色阶”命令对话框中的参数，如下图所示。

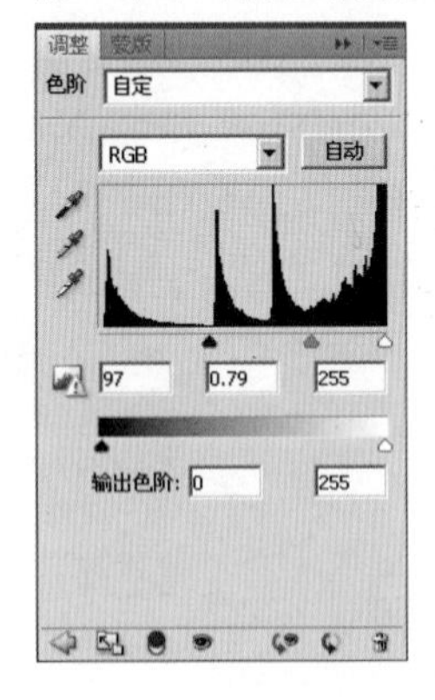

7）设置完“色阶”参数后，自动生成“色阶1”图层，得到图像的最终效果如下图所示。

风景照的唯美效果

调整效果

原图效果

原照片呈现出灰蒙蒙的感觉，显得有些曝光不足，色彩非常暗淡，本例讲解的是如何将其调出敞亮的感觉。制作过程中主要运用了“色阶”、“曲线”和“色相/饱和度”等命令，具体操作步骤如下。

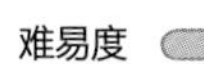
难易度　　　　色阶　曲线

1 执行“文件”/“打开”命令，在弹出的“打开”对话框中选择随书光盘中的“素材 1”文件，复制“背景”图层，得到“背景 副本”图层，如左图所示。

2 单击“创建新的填充或调整图层”按钮，在菜单中选择“色阶”命令，设置弹出的“色阶”命令对话框中的参数，如下图所示。

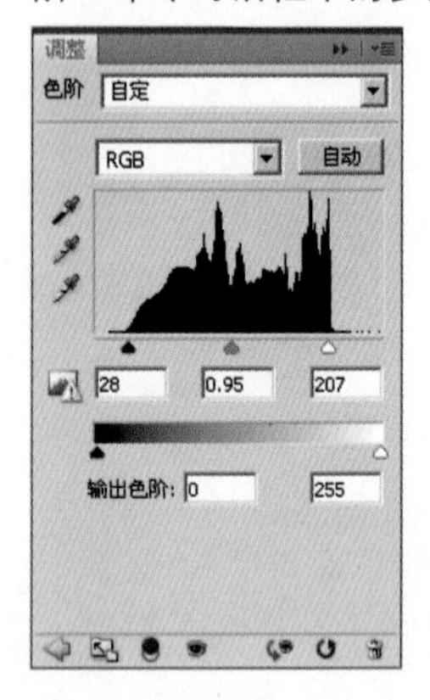

3 设置完“色阶”参数后，自动生成“色阶1”图层，图像及其图层面板，如下图所示。

4 调节湖面的影调。单击“创建新的填充或调整图层”按钮，在菜单中选择“曲线”命令，设置弹出的“曲线”命令对话框中的参数，如下图所示。

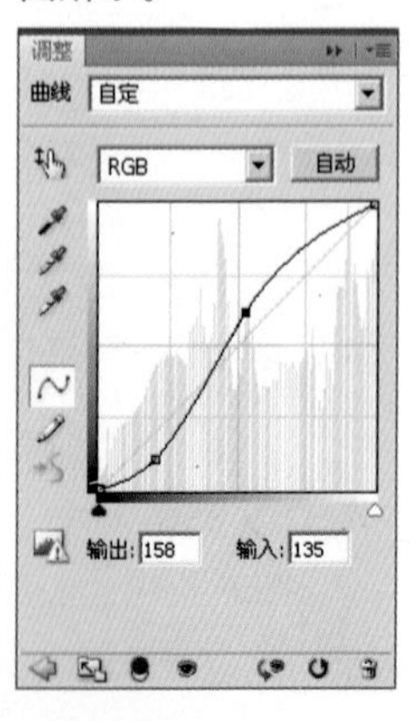

5 设置完“曲线”参数后，自动生成“曲线1”图层，图像中的湖面和芦苇的影调改善了，但是天空的颜色也发生了变化，接下来进行调整，此时效果如下图所示。

6 单击工具箱中的“渐变工具”，设置默认的前景色和背景色，在工具属性栏中选择“前景色到背景色渐变”，如下图所示。

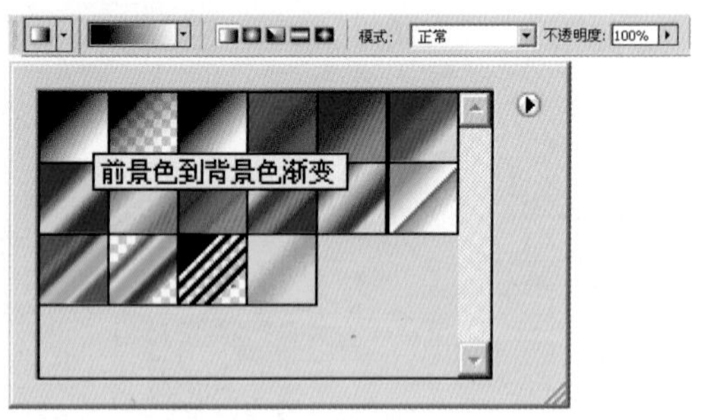

7 在画面中间芦苇和山交接的位置，由上到下拖动鼠标，拉出渐变，在蒙版的遮挡下天空恢复了原来的影调，效果如下图所示。

8 调整天空影调。单击“创建新的填充或调整图层”按钮，在菜单中选择“曲线”命令，设置弹出的“曲线”命令对话框中的参数，如下图所示。

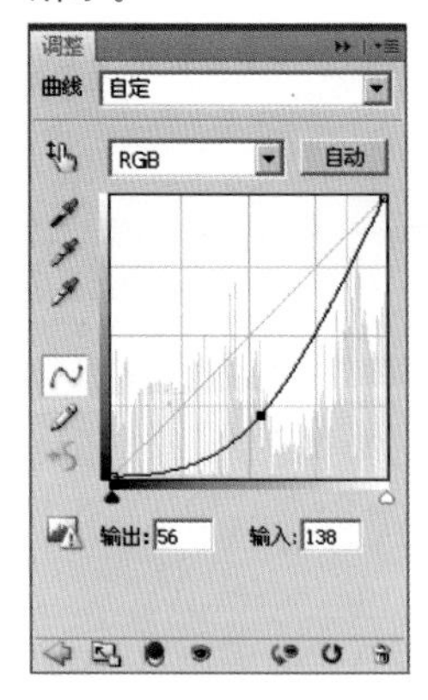

9 设置完“曲线”参数后，自动生成“曲线2”图层，图像中天空的影调正常了，但是湖面及芦苇的颜色又发生了变化，接下来进行调整，效果如下图所示。

10 单击工具箱中的“渐变工具”，设置默认的前景色和背景色，在工具属性栏中选择“前景色到背景色渐变”，如下图所示。

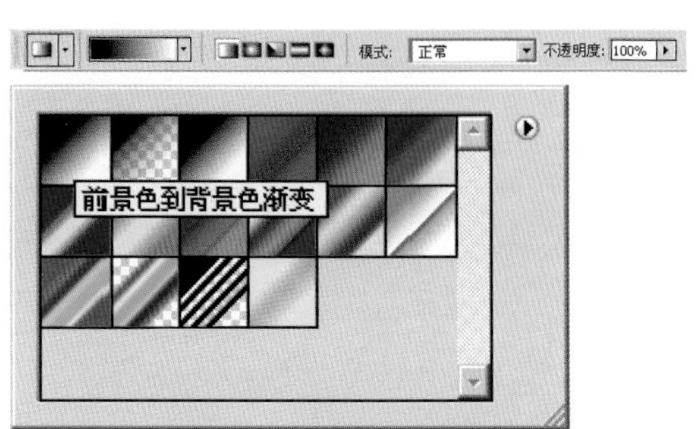

11 在画面中间芦苇和山交接的位置，由下到上拖动鼠标，拉出渐变，在蒙版的遮挡下湖面及芦苇又恢复了原来的影调，得到如下图所示的效果。

12 精细调整色调。单击“创建新的填充或调整图层”按钮，在菜单中选择“色相/饱和度”命令，设置弹出的“色相/饱和度”命令对话框中的参数，如下图所示。

13 设置完“色相/饱和度”参数后，自动生成“色相/饱和度1”图层，图像的最终效果就完成了，现在感觉天蓝、云白、草黄，找回了大自然的感觉，效果如下图所示。

冬日雪景

调整效果

原图效果

难易度 通道　点状化滤镜 

本例原照片是一幅恬静的冬日景观照片，下面我们将其处理成雪花飘落的冬日雪景，为照片添加冬日雪景的气氛。本例的重点是雪花的制作，主要是利用通道面板制作雪花，具体操作如下。

1 执行“文件”/“打开”命令，在弹出的“打开”对话框中选择随书光盘中的“素材 1”文件，复制“背景”图层，得到“背景 副本”图层，如下图所示。

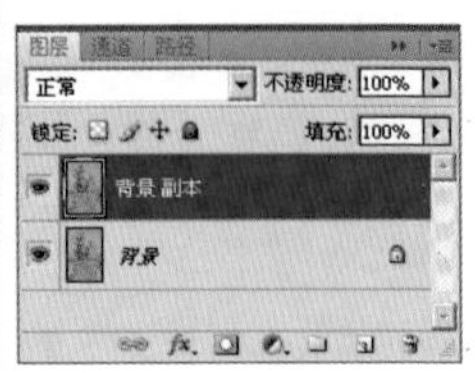

2 执行菜单栏中的“图像”/“调整”/“去色”命令，将图像转换为黑白效果，如下图所示。

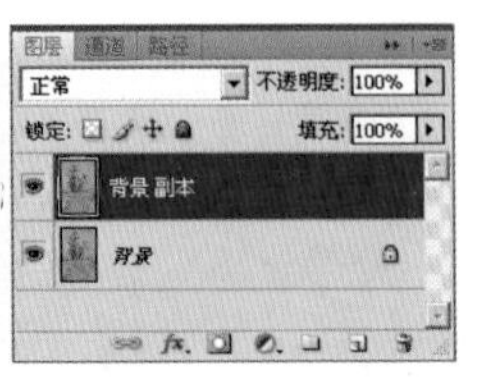

3 切换到“通道”面板，设置前景色为白色，背景色为黑色，单击“创建新通道”按钮，得到“Alpha 1”通道，效果如下图所示。

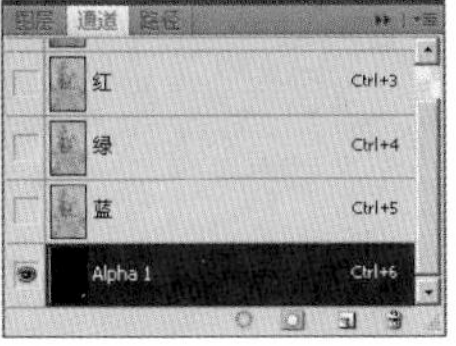

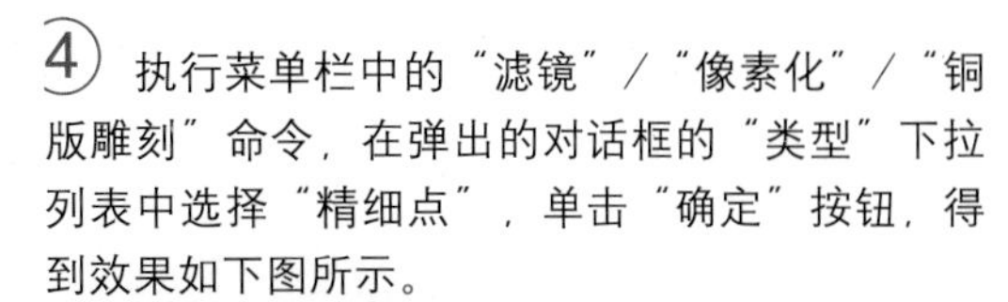

4 执行菜单栏中的“滤镜”/“像素化”/“铜版雕刻”命令，在弹出的对话框的“类型”下拉列表中选择“精细点”，单击“确定”按钮，得到效果如下图所示。

5 按住【Ctrl】键单击“Alpha 1”通道，载入选区，得到如下图所示的效果。

6 切换到“图层”面板，单击“背景 副本”图层，被载入的选区仍然显示，如下图所示。

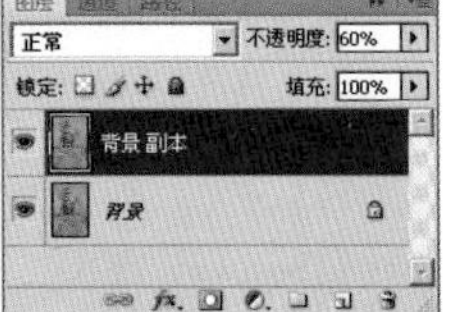

7 单击图层面板底部的“创建新图层”按钮，得到“图层 1”图层，然后将选区填充为白色，按【Ctrl+D】键取消选区，得到如下图所示的效果。

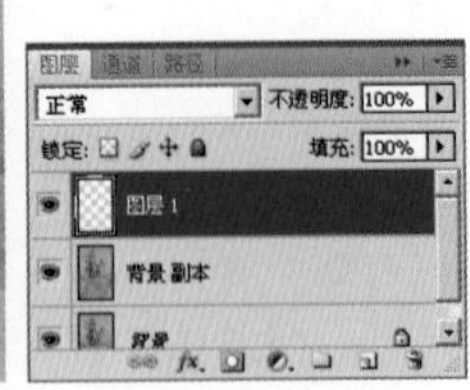

8 执行菜单栏中的“滤镜”/“模糊”/“动感模糊”命令，在弹出的“动感模糊”对话框中设置其参数后单击“确定”按钮，得到如下图所示的效果。

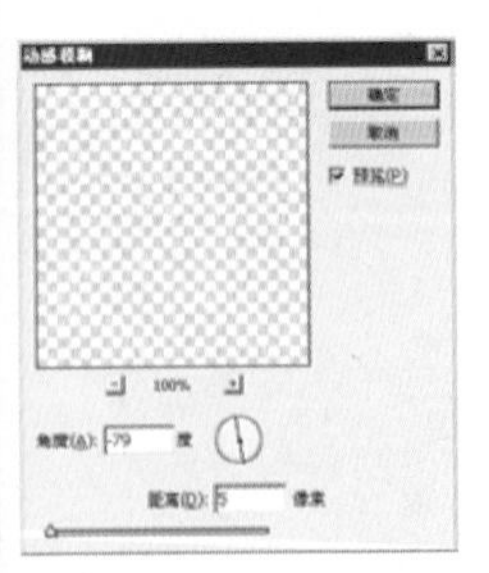

9 再次切换到“通道”面板，设置前景色为白色，背景色为黑色，单击“创建新通道”按钮，得到“Alpha 2”通道，效果如下图所示。

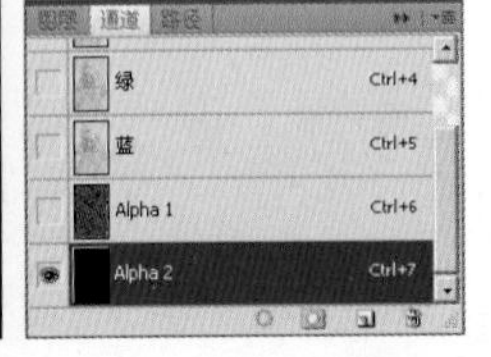

10 执行菜单栏中的“滤镜”/“像素化”/“点状化”命令，在弹出的“点状化”对话框中设置其参数后，单击“确定”按钮，得到效果如下图所示。

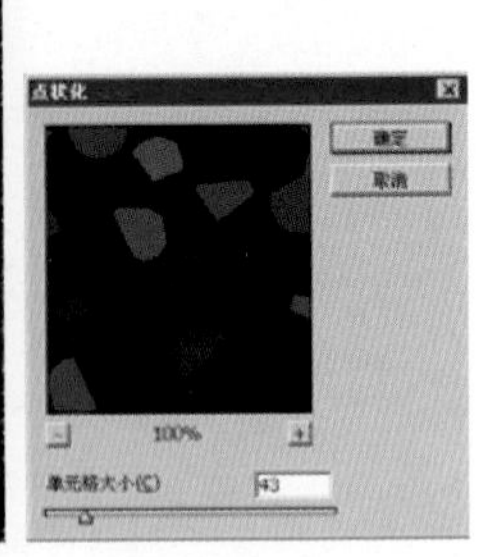

11 执行菜单栏中的“图像”/“调整”/“阈值”命令，在弹出的“阈值”对话框中设置其参数后，单击“确定”按钮，得到如下图所示的效果。

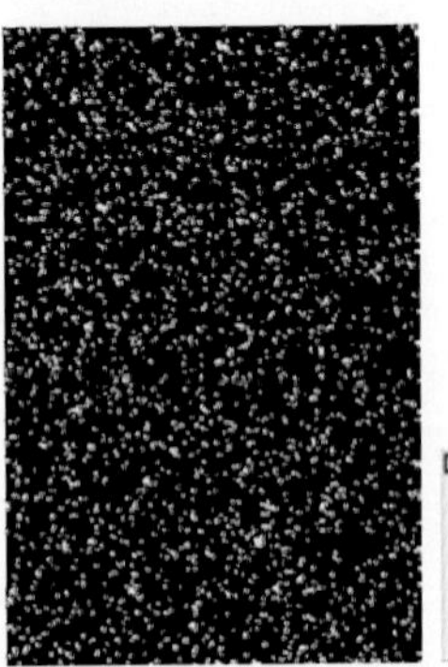

12 按住【Ctrl】键单击“Alpha 2”通道，将图像中的白色亮点载入选区，得到如下图所示的效果。

13 再次切换到“图层”面板，单击“图层 1”图层，被载入的选区仍然显示，观察如下图所示的效果。

14 单击图层面板底部的“创建新图层”按钮，生成“图层 2”图层，然后将选区填充为白色，按【Ctrl+D】键取消选区，得到如下图所示的效果。

15 执行菜单栏中的“滤镜”/“模糊”/“动感模糊”命令，在弹出的“动感模糊”对话框中设置其参数后单击“确定”按钮，得到如下图所示的效果。

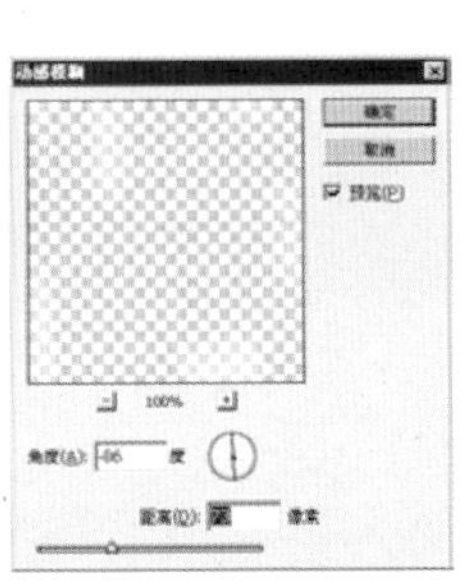

16 降低雪花的不透明度。选择“图层 2”图层为当前操作图层，将不透明度设置为“50%”，得到如下图所示的效果。

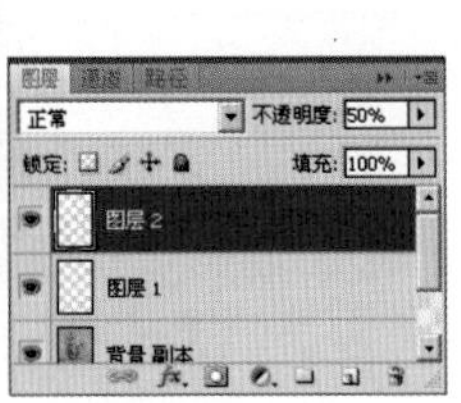

17 单击“创建新的填充或调整图层”按钮，在菜单列表中选择“色阶”命令，设置弹出的“色阶”命令对话框中的参数，如下图所示。

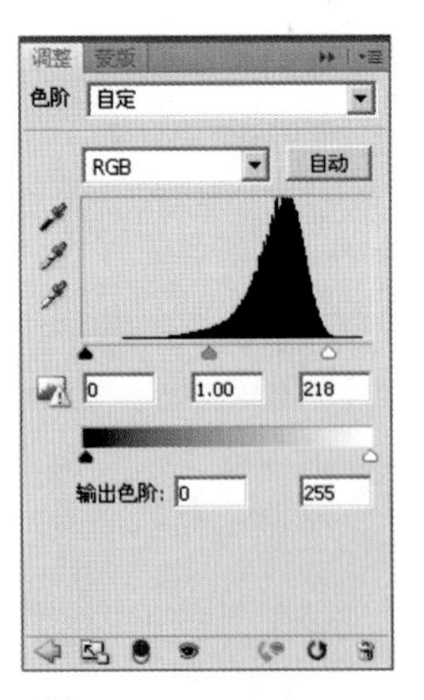

18 设置完“色阶”参数后自动生成“色阶 1”图层，雪花飘落的冬日雪景的最终效果就制作完成了，增加了雪景的动感气氛，效果如下图所示。

还原长城的神韵

调整效果

原图效果

难易度　　曲线　色相/饱和度

原图看起来非常平淡，灰蒙蒙的，显得软弱无力，完全表现不出长城特有的神韵感。本例仅用“色阶”、“曲线”、“色相/饱和度”三个命令就恢复了长城的神韵感，具体操作如下。

还原长城的神韵

1 执行“文件”/“打开”命令，在弹出的“打开”对话框中选择随书光盘中的“素材 1”文件，复制“背景”图层，得到“背景 副本”图层，如下图所示。

2 单击“创建新的填充或调整图层”按钮，在菜单中选择“色阶”命令，设置弹出的“色阶”命令对话框中的参数，如下图所示。

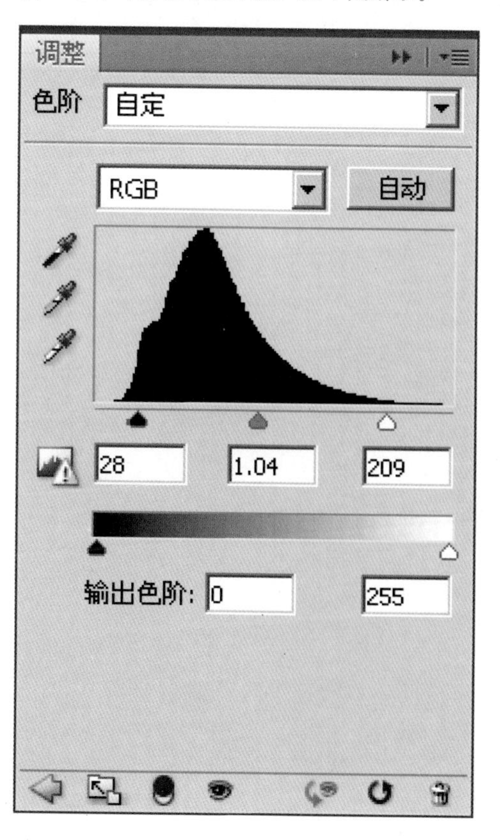

3 设置完“色阶”参数后，自动生成“色阶 1”图层，图像及其图层面板如下图所示。

4 增强图像的反差。单击“创建新的填充或调整图层”按钮，在菜单中选择“曲线”命令，设置弹出的“曲线”命令对话框中的参数，如下图所示。

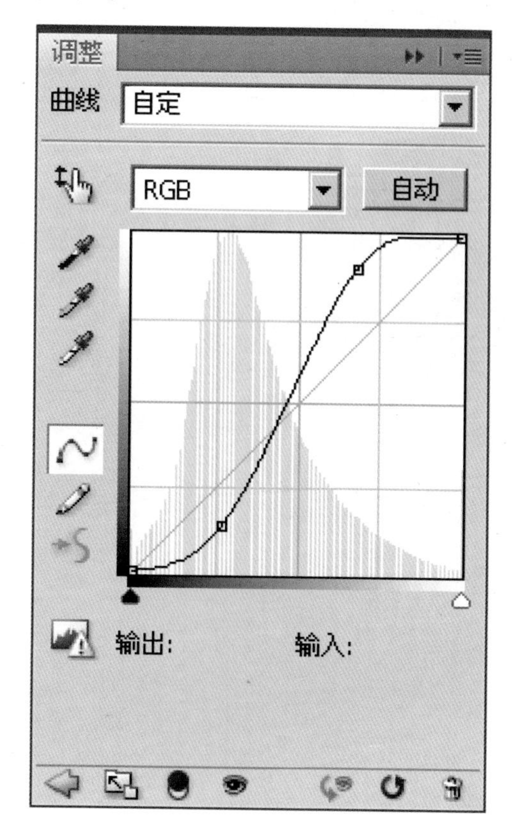

5）设置完“曲线”参数后，自动生成“曲线1”图层，图像反差增强了，但是我们发现图像的暗部缺乏层次感，接下来进行调整，效果如下图所示。

6）使用“画笔工具”并设置适当的画笔大小，在图像中的暗部位置涂抹，使其恢复原有的影调，得到如下图所示的效果。

7）精细调整色调。单击“创建新的填充或调整图层”按钮，在菜单中选择“色相/饱和度”命令，设置弹出的“色相/饱和度”命令对话框中的参数，如下图所示。

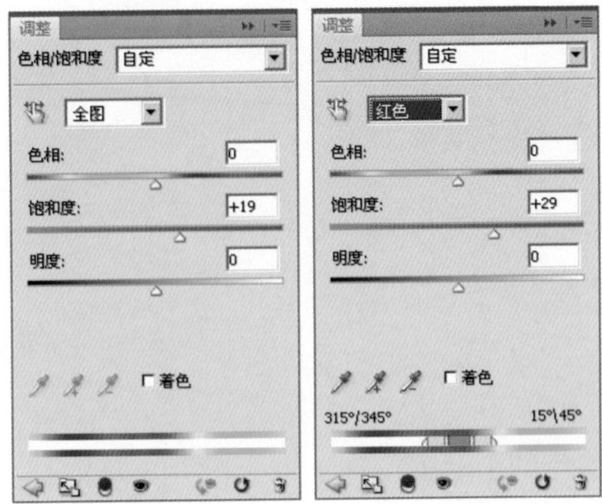

8）设置完“色相/饱和度”参数后，自动生成“色相/饱和度1”图层，图像的最终效果就完成了，现在感觉长城挺拔，群山嶙峋，效果如下图所示。

还原失真的颜色

调整效果

原图效果

难易度 曲线 色阶 

本例将一张平淡的风景照片通过调整处理将其还原到真实的颜色，使其有一种生机盎然的效果。主要是利用Photoshop中的“色阶”、“色相/饱和度”、“曲线”命令进行调整的，具体操作步骤如下。

还原失真的颜色

1 执行“文件”/“打开”命令，在弹出的“打开”对话框中选择随书光盘中的“素材 1”文件，复制“背景”图层，得到“背景 副本”图层，如下图所示。

2 将画面中黑色区域调亮。单击“创建新的填充或调整图层”按钮，在菜单中选择“曲线”命令，在弹出的“曲线”命令对话框中调整曲线，如下图所示。

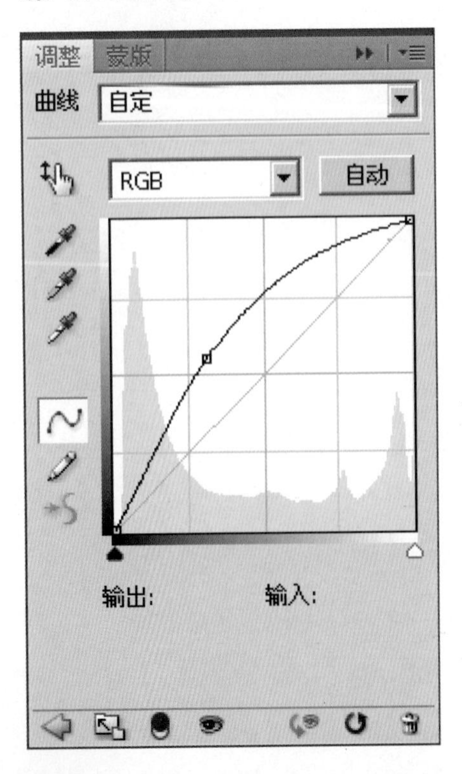

3 设置完“曲线”参数后，得到“曲线 1”图层，观察图像中黑色的区域被调亮了，但是不需要调亮的区域也发生了变化，接下来需要进行修饰，此时效果如下图所示。

4 使用工具箱中的“画笔工具”并选择适当的画笔大小，设置前景色为黑色，在“曲线 1”的图层蒙版中进行涂抹修饰，将不需要调亮的区域擦回原来的影调，得到效果如下图所示。

画笔: 250 模式: 正常 不透明度: 100% 流量: 100%

5 还原图像的影调。单击“创建新的填充或调整图层”按钮，在菜单中选择“色相/饱和度”命令，在弹出的“色相/饱和度”命令对话框中设置各通道的参数，如下图所示。

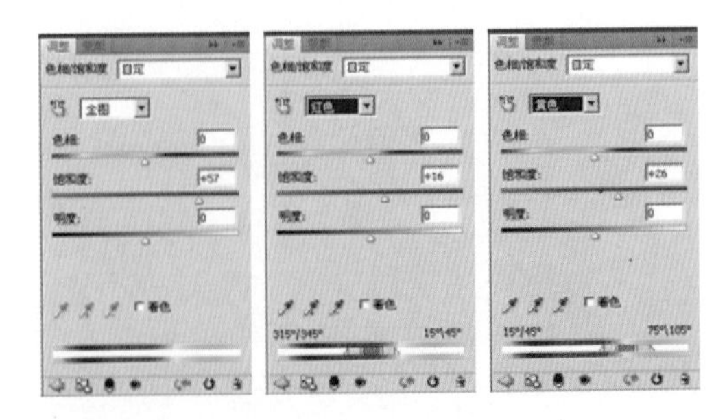

⑥ 设置完“色相/饱和度”参数后，得到“色相/饱和度 1”图层，图像的颜色发生了变化，得到效果如下图所示。

⑦ 单击“创建新的填充或调整图层”按钮，在菜单中选择“色阶”命令，在弹出的“色阶”命令对话框中的参数设置如下图所示。

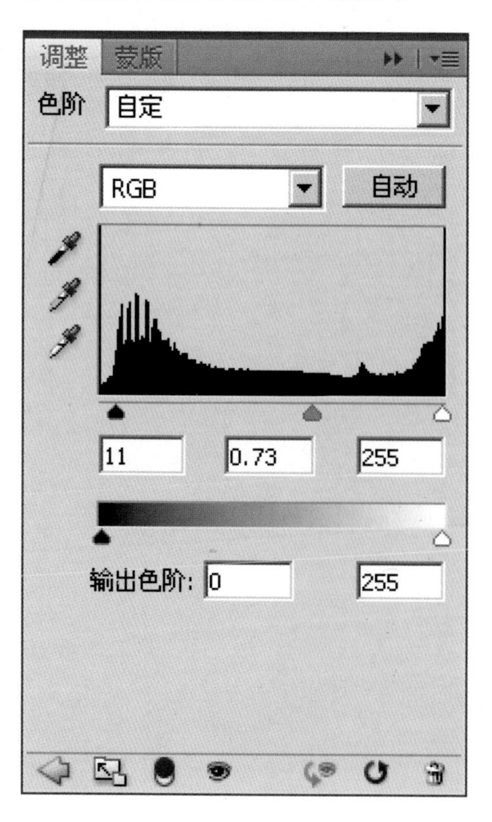

⑧ 设置完“色阶”参数后，得到“色阶 1”图层，图像的明暗对比度增强了，得到效果如下图所示。

⑨ 使用工具箱中的“画笔工具”并选择适当的画笔大小，设置前景色为黑色，在“色阶 1”的图层蒙版中进行涂抹修饰，将图像中较黑的区域擦亮，得到图像的最终效果如下图所示。

精确控制冷暖色调的季节变换

调整效果

原图效果

难易度 　　色阶　色相/饱和度

本例的原照片是一幅春意盎然的风景照片，可以通过调整照片的冷暖色调，随心所欲地转换照片表现的季节，如将其转换为一幅初秋的风景照片。本例主要运用了“色相/饱和度”和“色阶”等技术，具体操作步骤如下。

1 执行“文件”/“打开”命令，在弹出的“打开”对话框中选择随书光盘中的“素材 1”文件，复制“背景”图层，得到“背景 副本”图层，如下图所示。

2 切换到“通道”面板，复制“红”通道，得到“红 副本”通道，效果如下图所示。

3 按快捷键【Ctrl+L】，设置弹出的“色阶”对话框中的参数后单击“确定”按钮，得到如下图所示的效果。

4 选择“红 副本”通道，执行菜单栏中的“选择”/“载入选区”命令，在弹出的对话框中保持默认设置，单击“确定”按钮，效果如下图所示。

5 回到图层面板，单击“创建新的填充或调整图层”按钮，在菜单中选择“色阶”命令，在弹出的“色阶”命令对话框中设置其参数，如下图所示。

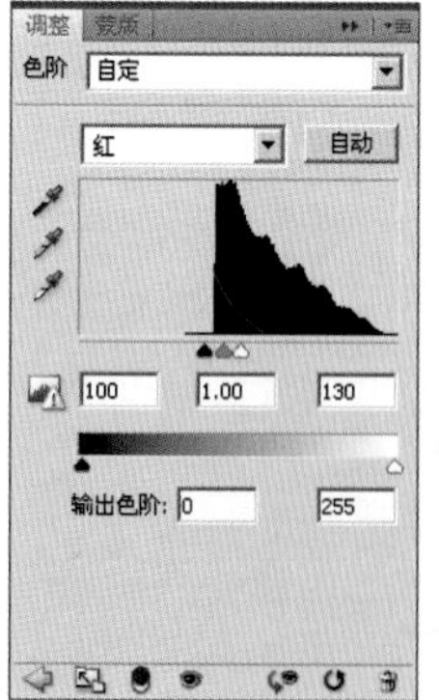

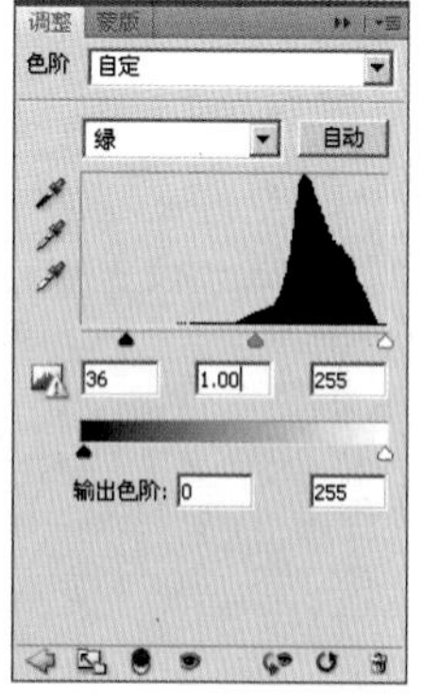

6 设置完“色阶”参数后，自动生成“色阶 1”图层，图像效果及其图层面板如下图所示。

7 再次切换到“通道”面板，将“红 副本”通道隐藏，得到如下图所示的效果。

8 回到图层面板，单击“创建新的填充或调整图层”按钮，在菜单中选择“色相/饱和度”命令，在弹出的“色相/饱和度”命令对话框中设置“绿色”参数，如下图所示。

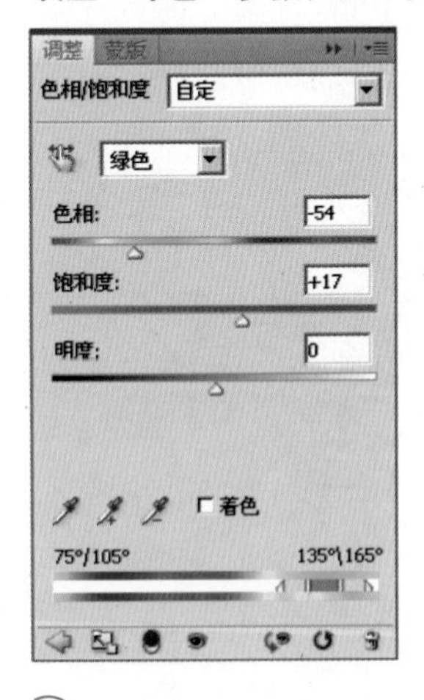

9 设置完“色相/饱和度”参数后，自动生成“色相/饱和度1”图层，图像效果及其图层面板如下图所示。

10 单击“创建新的填充或调整图层”按钮，在菜单中选择“亮度/对比度”命令，在弹出的“亮度/对比度”对话框中设置其参数，如下图所示。

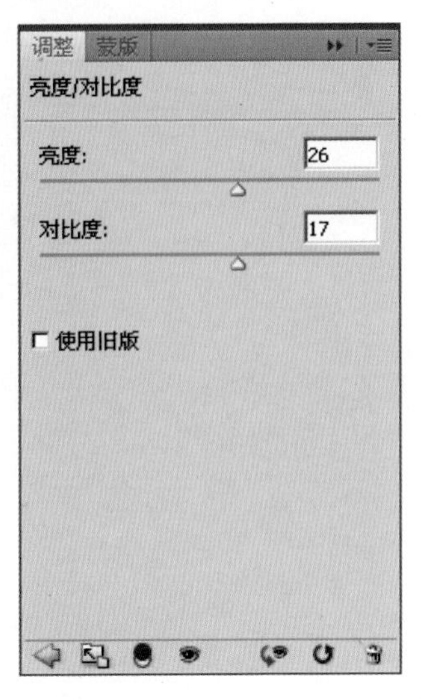

11 设置完“亮度/对比度”参数后，自动生成“亮度/对比度1”图层，图像的最终效果就制作完成了，如下图所示。

镜头柔焦短景深效果

我们在拍摄人物照片时，常常利用短景深来模糊环境，突出主体。如果你没有控制好景深而拍出来的照片不满意也不要紧，可以通过后期的“镜头模糊”技术来制作出短景深的效果。

调整效果

原图效果

难易度 镜头模糊 快速蒙版

1. 执行“文件”/“打开”命令，在弹出的“打开”对话框中选择随书光盘中的“素材 1”文件，复制“背景”图层，得到“背景 副本”图层，如左图所示。

2) 单击工具箱底部的“以快速蒙版模式编辑”按钮，然后使用工具箱中的“画笔工具”，在图像中人物的上半身部分进行涂抹，得到如下图所示的效果。

3) 单击工具箱底部的“以标准模式编辑”按钮，红色蒙版部分转换为选区了，效果如下图所示。

4) 单击“添加图层蒙版”按钮，为“背景 副本”添加图层蒙版，将“背景”图层隐藏，观察如下图所示的效果。

5) 显示所有图层，选择“背景 副本”图层为当前操作图层，执行菜单栏中的“滤镜”/“模糊”/“镜头模糊”命令，在弹出的“镜头模糊”对话框中设置其参数，如下图所示。

6) 设置完成后单击“确定”按钮，“背景 副本”图层被虚化了，图像产生了景深的效果，效果如下图所示。

7) 单击“创建新的填充或调整图层”按钮，在菜单中选择“亮度/对比度”命令，在弹出的“亮度/对比度”对话框中设置其参数，生成“亮度/对比度1”图层，图像的最终效果如下图所示。

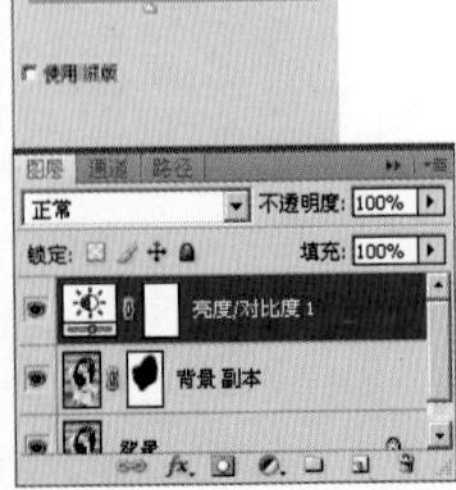

梦幻柔焦效果

调整效果

原图效果

本例是将普通的风景照片制作成梦幻柔焦效果。制作过程中主要运用了“高斯模糊”、“曲线”、“色相/饱和度”和“亮度/对比度”等命令，希望读者学完本例能够做到举一反三。

难易度　　高斯模糊　色相/饱和度

1 执行“文件”/“打开”命令，在弹出的“打开”对话框中选择随书光盘中的“素材 1”文件，复制“背景”图层，得到“背景 副本”图层，如左图所示。

②执行菜单栏中的“滤镜”/“模糊”/“高斯模糊”命令，设置弹出的对话框中的参数后单击“确定”按钮，得到如下图所示效果。

③设置完成后单击“确定”按钮，将其图层的混合模式设置为“变亮”，得到如下图所示的效果。

④单击“创建新的填充或调整图层”按钮，在菜单中选择“曲线”命令，设置弹出的“曲线”命令对话框中的参数后，自动生成“曲线1”图层，得到效果如下图所示。

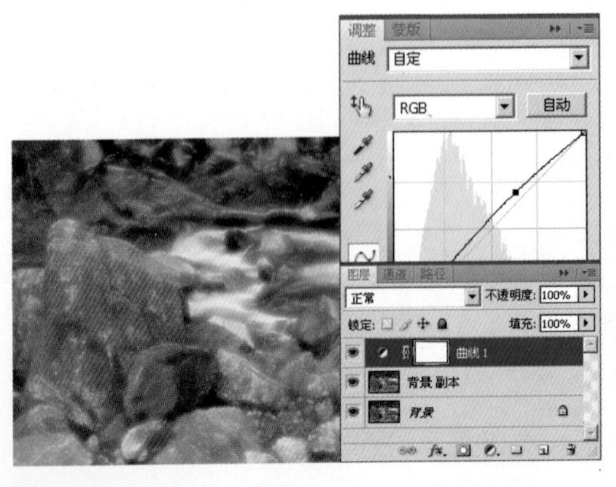

⑤单击“创建新的填充或调整图层”按钮，在菜单中选择“色相/饱和度”命令，设置弹出的“色相/饱和度”命令对话框中的参数后，自动生成“色相/饱和度1”图层，得到效果如下图所示。

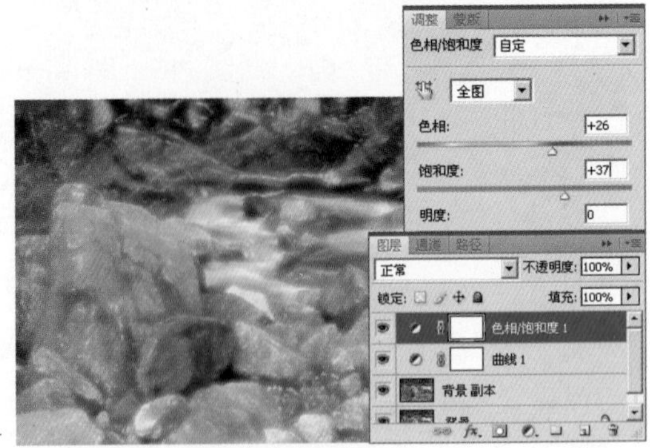

⑥单击“创建新的填充或调整图层”按钮，在菜单中选择“亮度/对比度”命令，设置弹出的“亮度/对比度”命令对话框中的参数，如下图所示。

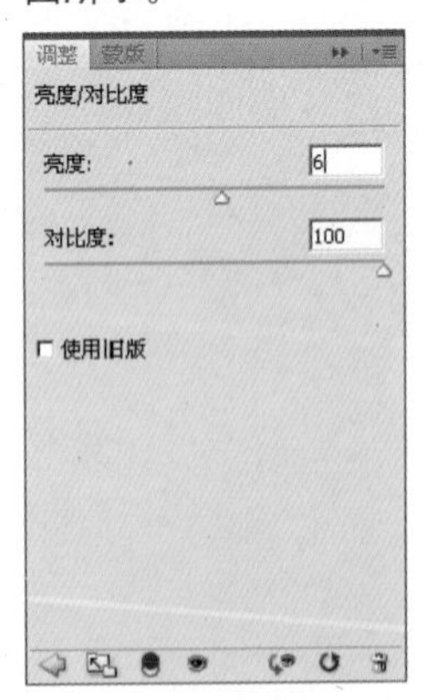

⑦设置完“亮度/对比度”命令后，自动生成“亮度/对比度1”图层，图像的最终效果就制作完成了，效果如下图所示。

气氛浪漫的剪影照片

调整效果

原图效果

难易度 色阶 曲线

原照片拍摄的效果就是一幅剪影画面，由于受当时环境的影响，画面气氛不够唯美，反差太弱。本例将对照片进行处理，达到浪漫的剪影效果。制作过程中主要运用了"色阶"、"曲线"和"色相/饱和度"等命令，具体操作步骤如下。

① 执行“文件”/“打开”命令，在弹出的“打开”对话框中选择随书光盘中的“素材 1”文件，复制“背景”图层，得到“背景 副本”图层，如下图所示。

② 单击“创建新的填充或调整图层”按钮，在菜单中选择“色阶”命令，设置弹出的“色阶”命令对话框中的参数，如下图所示。

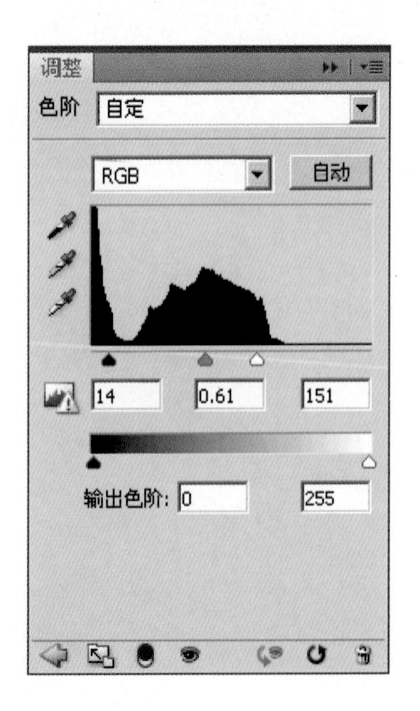

③ 设置完“色阶”参数后，自动生成“色阶 1”图层，图像及其图层面板，如下图所示。

④ 调节画面的影调。单击“创建新的填充或调整图层”按钮，在菜单中选择“曲线”命令，设置弹出的“曲线”命令对话框中的参数，如下图所示。

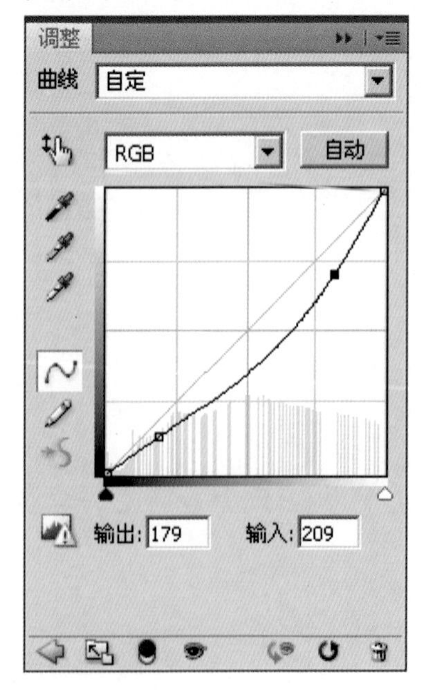

5 设置完“曲线”参数后，自动生成“曲线1”图层，图像的影调对比度强烈了，效果如下图所示。

6 单击“创建新的填充或调整图层”按钮，在菜单中选择“色相/饱和度”命令，设置弹出的“色相/饱和度”命令对话框中的参数，如下图所示。

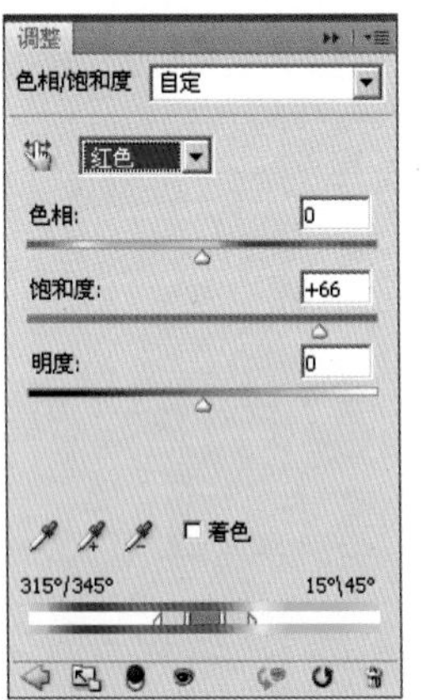

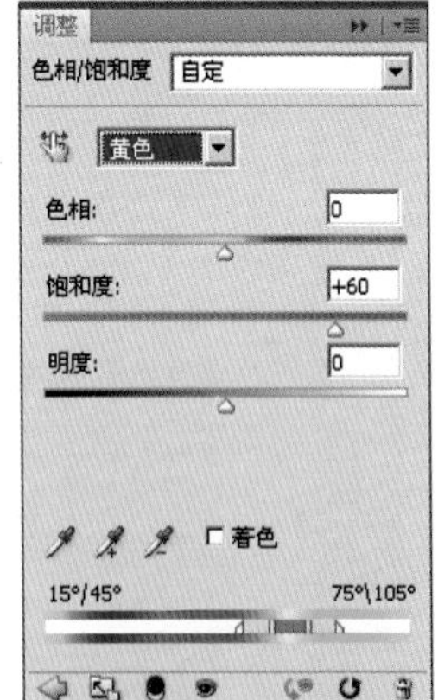

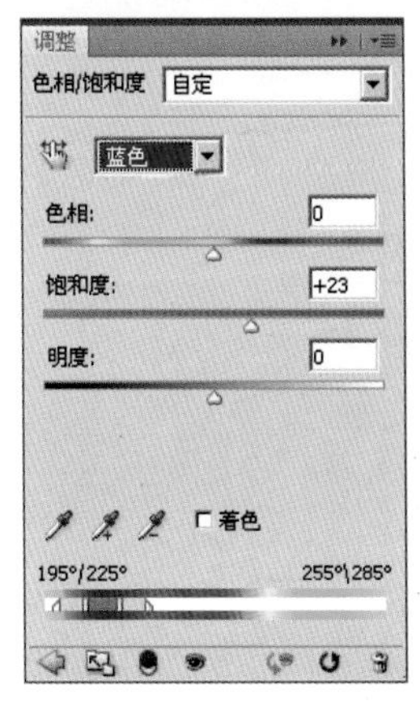

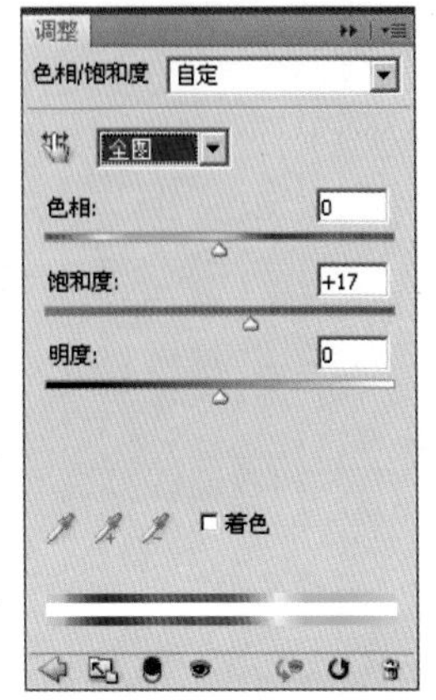

7 设置完“色相/饱和度”参数后，自动生成“色相/饱和度1”图层，得到如下图所示的效果。

8 新建“图层 1”图层，设置前景色为白色，单击工具箱中的“画笔工具”，设置适当的画笔大小，在如下图的位置上绘制出月亮，得到图像的最终效果，如下图所示。

让枯树充满生命力

调整效果

原图效果

原照片中的枯木的色彩暗淡，缺乏光线，比较沉闷，没有生机。本例讲解的是如何将其调整，让枯木充满生命力。制作过程中主要运用了“色阶”、“曲线”和“色相/饱和度”等命令，具体操作步骤如下。

难易度 色阶 色相/饱和度 

① 执行“文件”/“打开”命令，在弹出的“打开”对话框中选择随书光盘中的“素材 1”文件，复制“背景”图层，得到“背景 副本”图层，如左图所示。

2 单击“创建新的填充或调整图层”按钮，在菜单中选择“色阶”命令，设置弹出的“色阶”命令对话框中的参数，如下图所示。

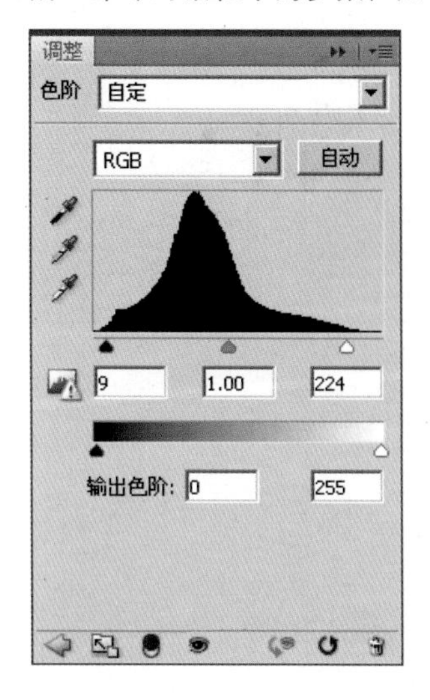

3 设置完“色阶”参数后，自动生成“色阶1”图层，图像及其图层面板如下图所示。

4 精细调整色调。单击“创建新的填充或调整图层”按钮，在菜单中选择“色相/饱和度”命令，设置弹出的“色相/饱和度”命令对话框中的参数，如下图所示。

5 设置完“色相/饱和度”参数后，自动生成“色相/饱和度1”图层，图像恢复了原有的生机，整个画面色彩显得非常艳丽，如下图所示。

6 调整画面对比度。单击“创建新的填充或调整图层”按钮，在菜单中选择“曲线”命令，设置弹出的“曲线”命令对话框中的参数，如下图所示。

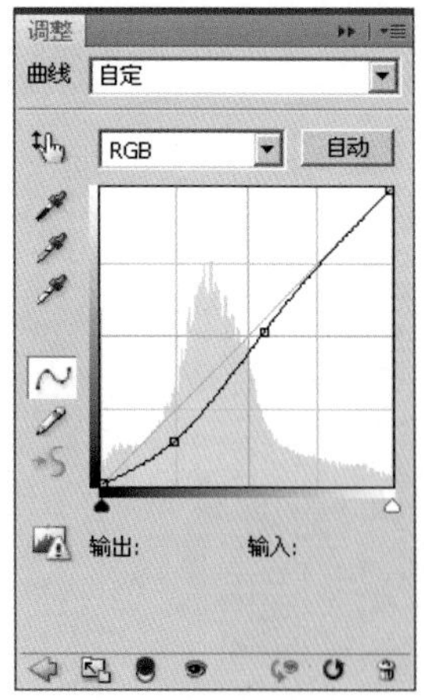

7 设置完“曲线”参数后，自动生成“曲线1”图层，图像的最终效果就制作完成了，整个画面都充满了生命力，效果如下图所示。

让照片更具感染力

调整效果

原图效果

难易度 色阶 色相/饱和度

原照片色彩暗淡，缺乏光线，调子比较沉闷。本例讲解的是如何将其调整，让它给人一种强烈的感染力。制作过程中主要运用了“色阶”、“曲线”和“色相/饱和度”等命令，具体操作步骤如下。

1 执行“文件”/“打开”命令，在弹出的“打开”对话框中选择随书光盘中的“素材 1”文件，复制“背景”图层，得到“背景 副本”图层，如下图所示。

2 单击“创建新的填充或调整图层”按钮，在菜单中选择“色阶”命令，设置弹出的“色阶”命令对话框中的参数，如下图所示。

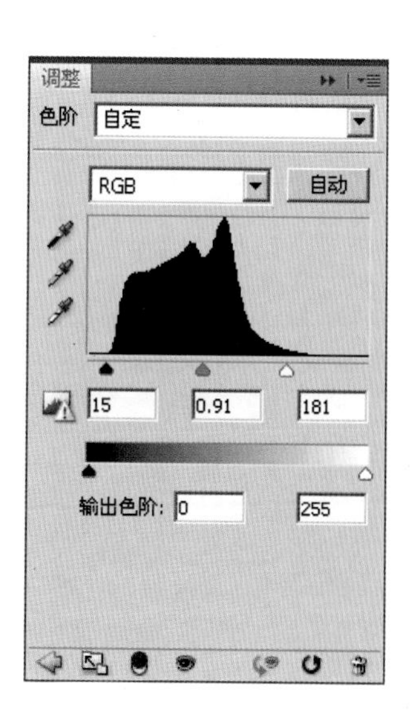

3 设置完“色阶”参数后，自动生成“色阶 1”图层，图像及其图层面板如下图所示。

4 调节图像的对比度。单击“创建新的填充或调整图层”按钮，在菜单中选择“曲线”命令，设置弹出的“曲线”命令对话框中的参数，如下图所示。

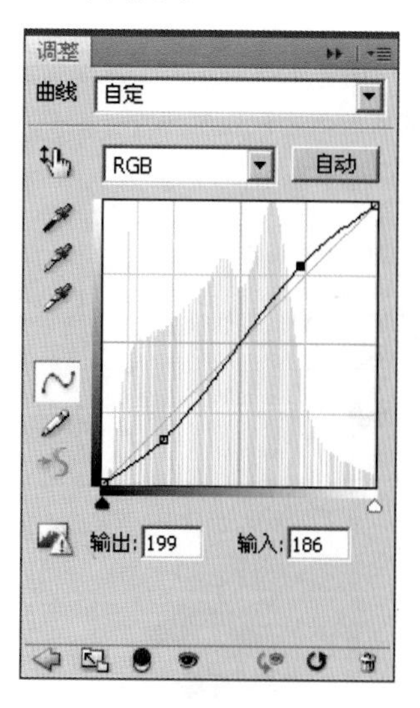

5 设置完“曲线”参数后，自动生成“曲线1”图层，图像对比度增强了，但是发现画面的左上角比较亮，显得没有层次感，接下来进行调整，此时效果如下图所示。

6 单击工具箱中的“渐变工具”，设置默认的前景色和背景色，在工具属性栏中选择“前景色到背景色渐变”，如下图所示。

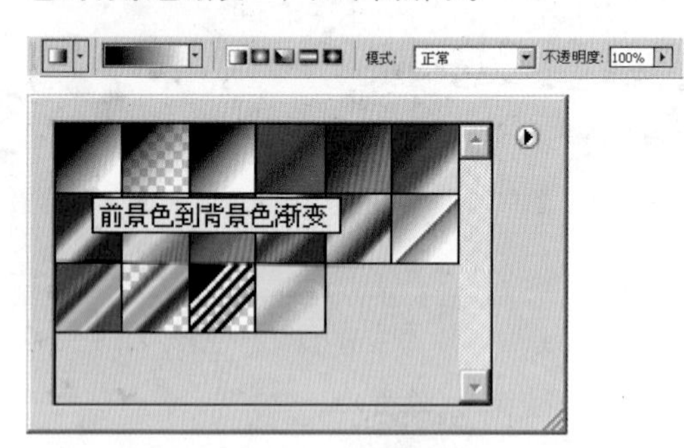

7 在画面中左上角的位置，由左上至房屋左侧的位置拖动鼠标，拉出渐变，在蒙版的遮挡下左上角恢复了原来的影调，效果如下图所示。

8 精细调整色调。单击“创建新的填充或调整图层”按钮，在菜单中选择“色相/饱和度”命令，设置弹出的“色相/饱和度”命令对话框中的参数，如下图所示。

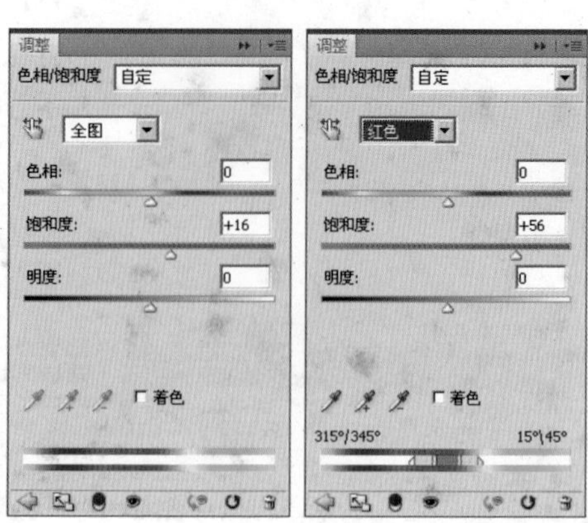

9 设置完“色相/饱和度”参数后，自动生成“色相/饱和度1”图层，图像的最终效果就制作完成了，整个画面显得艳丽辉煌，效果如下图所示。

为照片添加残线效果

调整效果

原图效果

本例主要讲解如何给照片添加一些纹理质地的效果。制作此效果，主要是利用Photoshop中强大的滤镜和通道功能制作出残线纹理，具体操作步骤如下。

难易度　　通道　添加杂色滤镜

1 执行“文件”/“打开”命令，在弹出的“打开”对话框中选择随书光盘中的“素材 1”文件，此时的图像效果如左图所示。

2) 复制“背景”图层，得到“背景 副本”图层，然后将“背景”图层填充为白色，图层面板如下图所示。

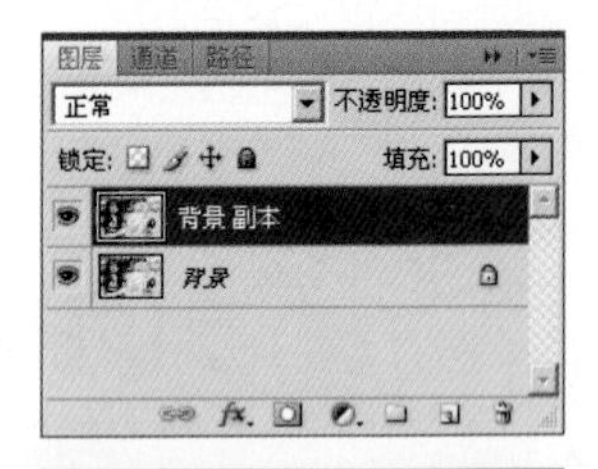

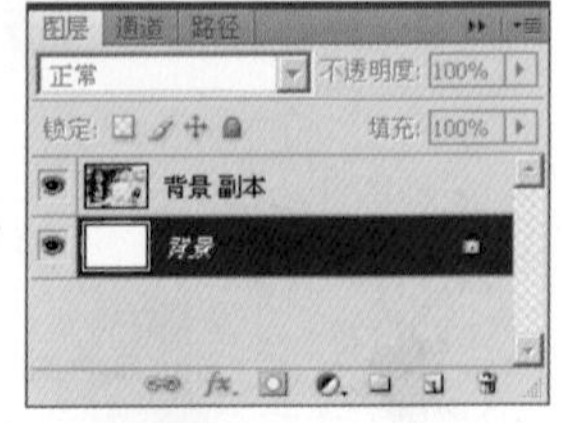

3) 切换到“通道”面板，设置前景色为白色，背景色为黑色，单击“创建新通道”按钮，得到“Alpha 1”通道，效果如下图所示。

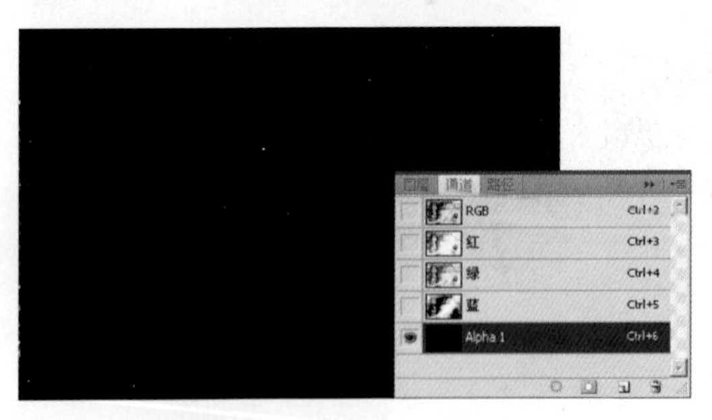

4) 执行菜单栏中的“滤镜”/“杂色”/“添加杂色”命令，在弹出的“添加杂色”对话框中设置其参数后，单击“确定”按钮，得到效果如下图所示。

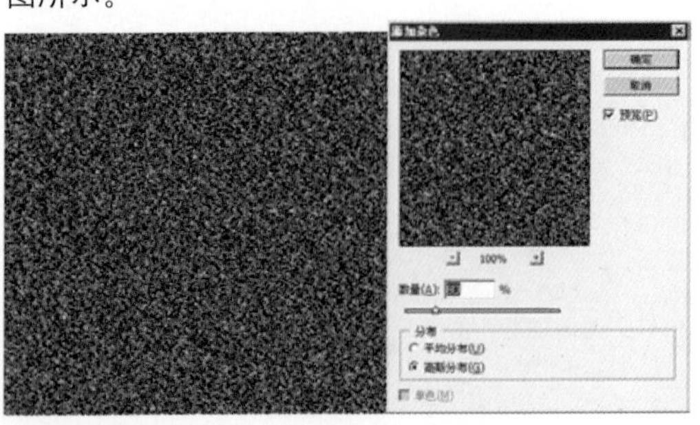

5) 执行菜单栏中的“滤镜”/“模糊”/“动感模糊”命令，在弹出的“动感模糊”对话框中设置其参数后，单击“确定”按钮，得到效果如下图所示。

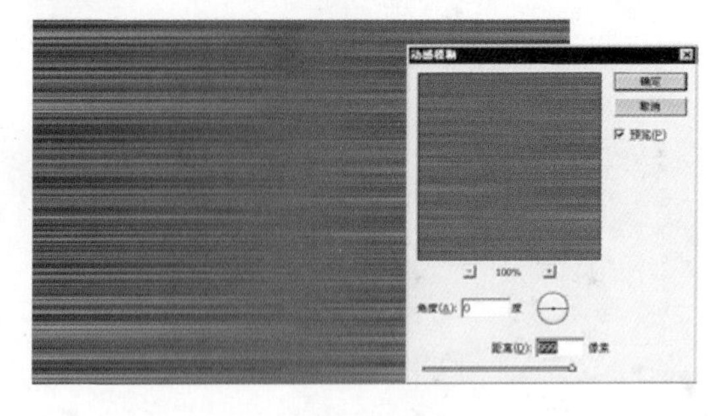

6) 选择工具箱中的“矩形选框工具”，在画面右侧选取一块线条感较明显的区域，然后按【Ctrl+T】键执行自由变换命令，将选框的图像拉满整个画布，按【Enter】键结束编辑，然后按【Ctrl+D】键取消选区，得到如下图所示的效果。

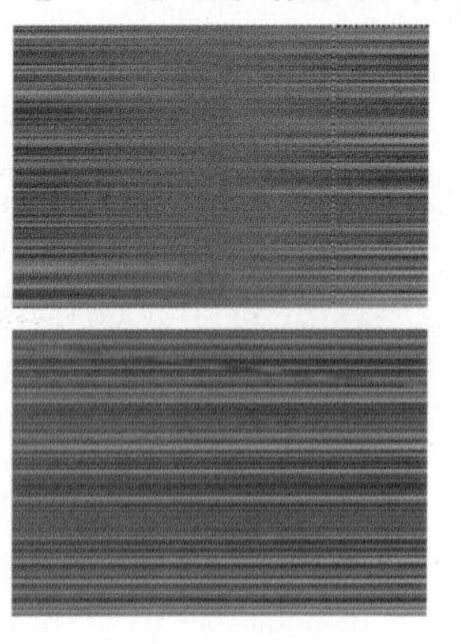

7) 执行菜单栏中的“图像”/“调整”/“色阶”命令，在弹出的“色阶”对话框中设置其参数后，单击“确定”按钮，得到效果如下图所示。

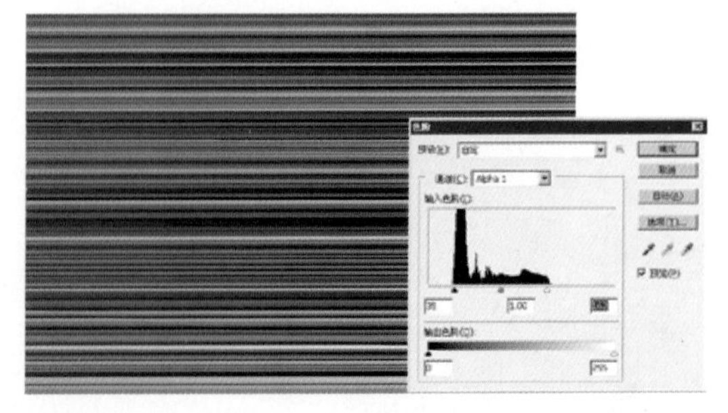

⑧ 执行菜单栏中的“滤镜”/“纹理”/“颗粒”命令，在弹出的“颗粒”对话框中设置其参数，如下图所示。

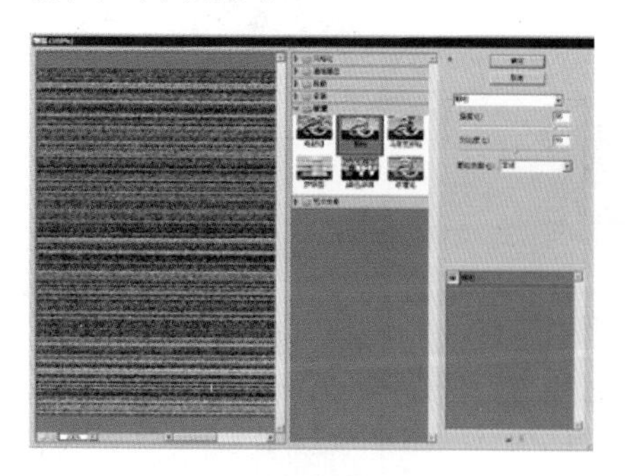

⑨ 设置完“颗粒”参数后，单击“确定”按钮，然后按【Ctrl+I】键执行反相命令，将图像转换为白底黑线的效果，得到效果如下图所示。

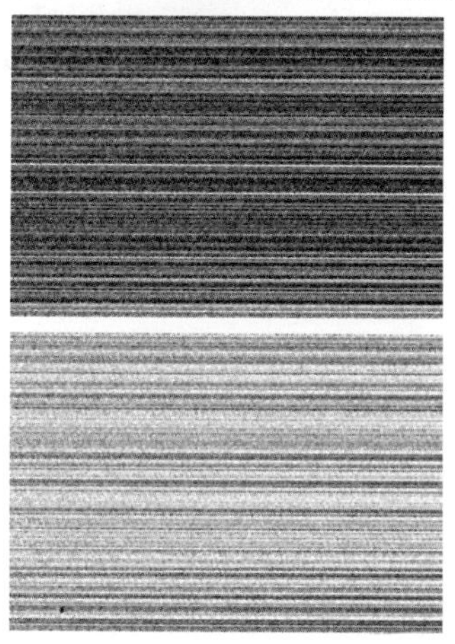

⑩ 执行菜单栏中的“滤镜”/“杂色”/“中间值”命令，在弹出的“中间值”对话框中设置其参数后，单击“确定”按钮，得到效果如下图所示。

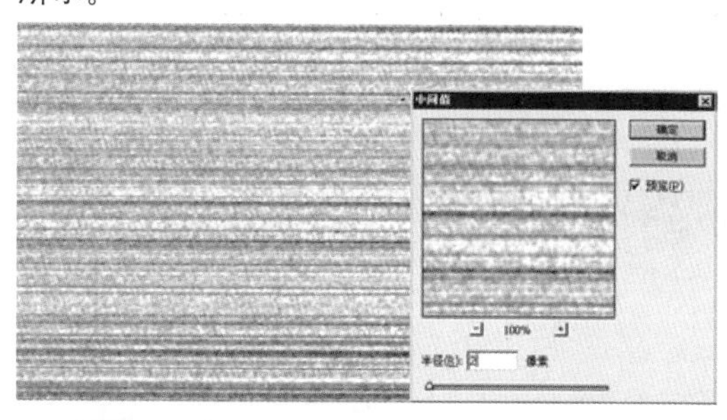

⑪ 执行菜单栏中的“图像”/“调整”/“色阶”命令，在弹出的“色阶”对话框中设置其参数后，单击“确定”按钮，得到如下图所示的效果。

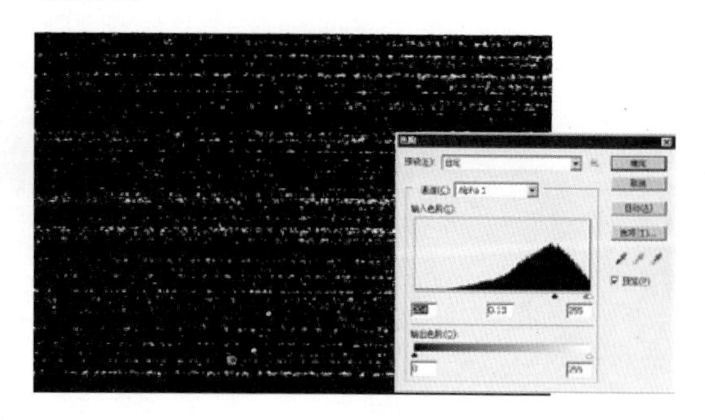

⑫ 执行菜单栏中的“滤镜”/“模糊”/“高斯模糊”命令，在弹出的“高斯模糊”对话框中设置其参数后，单击“确定”按钮，得到如下图所示的效果。

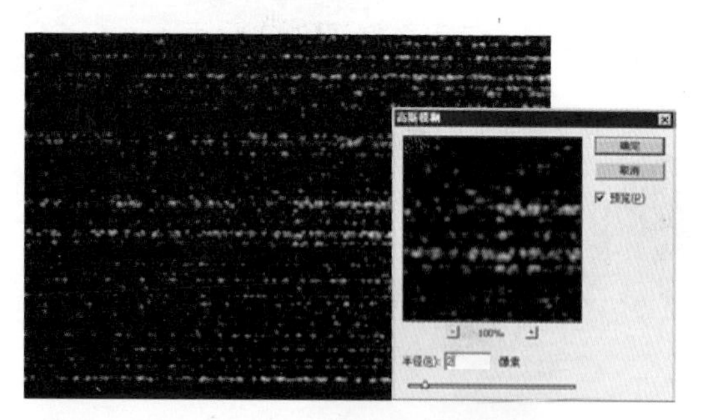

⑬ 执行菜单栏中的“图像”/“调整”/“色阶”命令，在弹出的“色阶”对话框中设置其参数后，单击“确定”按钮，得到效果如下图所示。

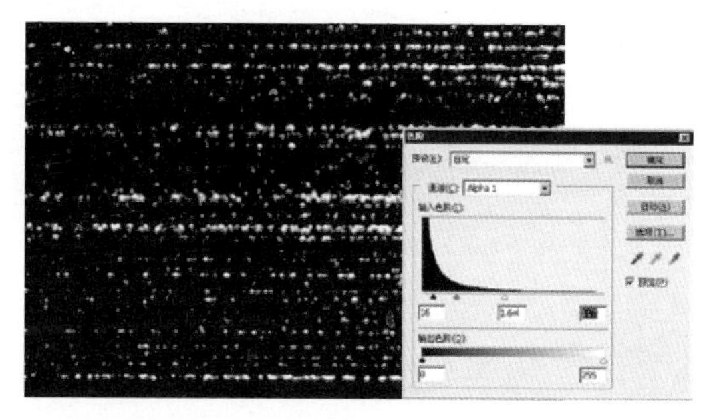

14 按住【Ctrl】键，单击“Alpha 1”通道，将图像中的白色区域载入选区，得到如下图所示的效果。

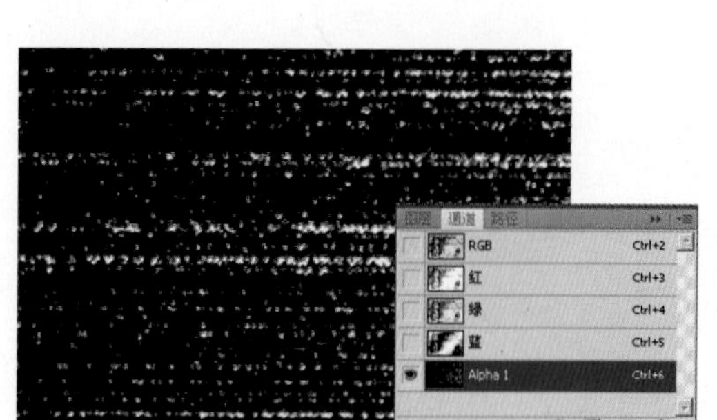

15 切换到“图层”面板，单击“背景 副本”图层，选区仍然存在，得到如下图所示的效果。

16 按快捷键【Ctrl+Shift+I】执行反选命令，将选区反选，得到如下图所示的效果。

17 单击“添加图层蒙版”按钮，为“背景 副本”图层添加图层蒙版，选区自动消失了，得到如下图所示的效果。

18 设置前景色为白色，使用“画笔工具”，设置适当的画笔大小和透明度后，在图层蒙版中涂抹修饰不必要的残线点，效果如下图所示。

19 双击“背景 副本”图层，在弹出的“图层样式”面板中选择“内发光”并设置颜色参数，如下图所示。

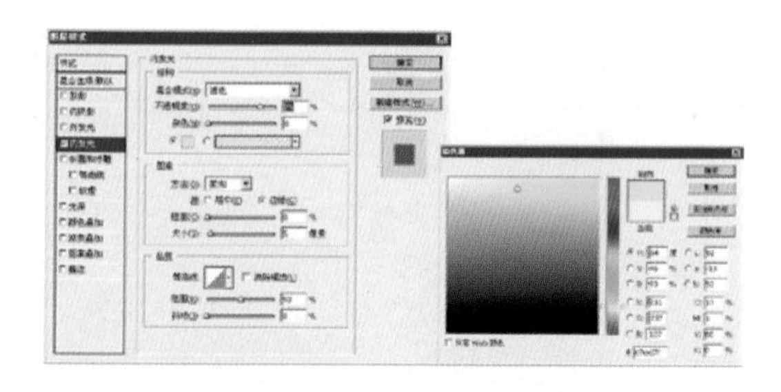

20 设置完参数后单击“确定”按钮，图像中的残线有了内发光的效果，如下图所示。

21 单击“创建新的填充或调整图层”按钮，在菜单中选择“色彩平衡”命令，设置弹出的“色彩平衡”命令对话框中的参数，如下图所示。

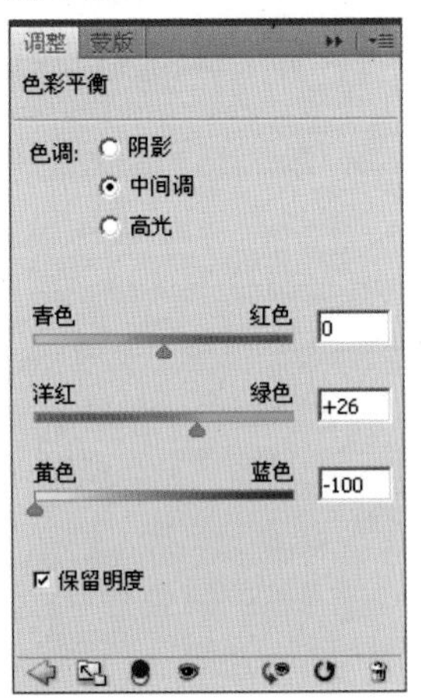

22 设置完“色彩平衡”参数后自动生成“色彩平衡 1”图层，增加了画面的气氛，图像及其图层面板如下图所示。

23 按快捷键【Ctrl+Alt+Shift+E】，执行“盖印图层”命令，得到“图层 1”图层，效果如下图所示。

24 执行菜单栏中的“滤镜”/“纹理”/“纹理化”命令，在弹出的“纹理化”对话框中设置其参数，如下图所示。

25 设置完“纹理化”参数后为图像添加了一个纹理效果，图像的最终效果就制作完成了，如下图所示。

雪景的金色效果

调整效果

原图效果

难易度 渐变映射 曲线 

本例运用Photoshop软件将一张普通的雪景照片制作成金色雪景的效果。制作过程中使用了图层混合模式中的“正片叠底”、“颜色”等应用技巧，制作重点是“渐变映射”命令的应用，具体操作步骤如下。

雪景的金色效果

1）执行“文件”/“打开”命令，在弹出的“打开”对话框中选择随书光盘中的“素材 1”文件，如下图所示。

2）拖动“背景”图层到图层面板底部的“创建新图层”按钮上，对图层进行复制操作，得到“背景 副本”图层，设置图层的混合模式为“正片叠底”，得到效果如下图所示。

3）单击“创建新的填充或调整图层”按钮，在菜单中选择“曲线”命令，设置弹出“曲线”对话框中的参数，如下图所示。

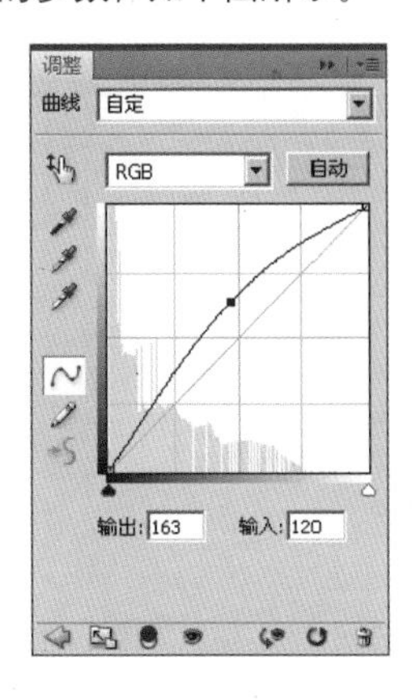

4）设置完“曲线”参数后，自动生成“曲线1”图层，图像及其图层面板如下图所示。

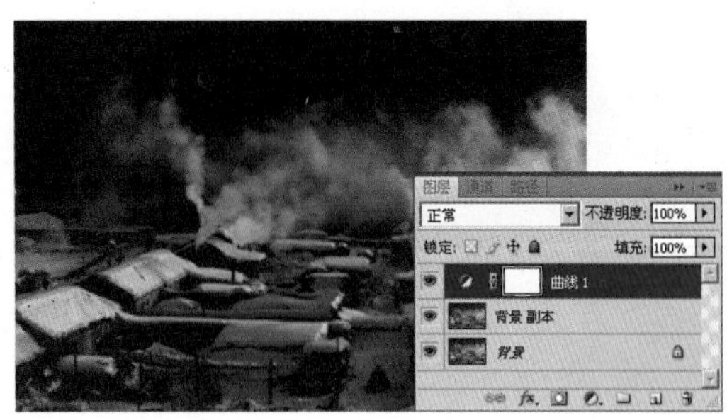

5）双击背景色图标，设置弹出的“拾色器”对话框中的颜色参数后单击“确定”按钮，并设置前景色为“黑色”，单击“创建新的填充或调整图层”按钮，在菜单中选择“渐变映射”命令，如下图所示。

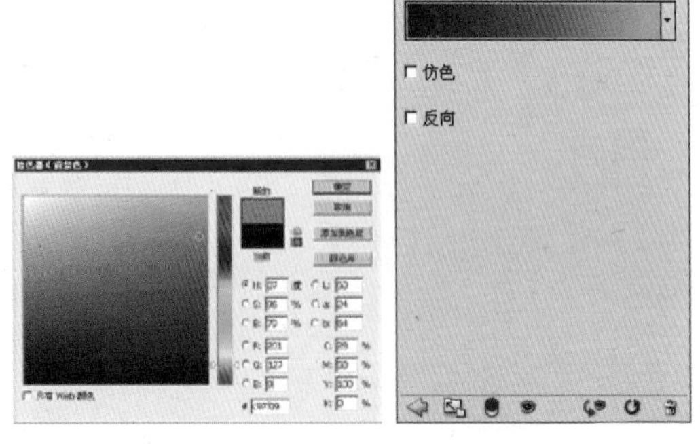

6）执行完“渐变映射”命令后，得到“渐变映射1”图层，如下图所示。

7）确定“渐变映射1”图层为当前操作图层，设置图层的混合模式为“正片叠底”，不透明度为“80%”，得到的效果如下图所示。

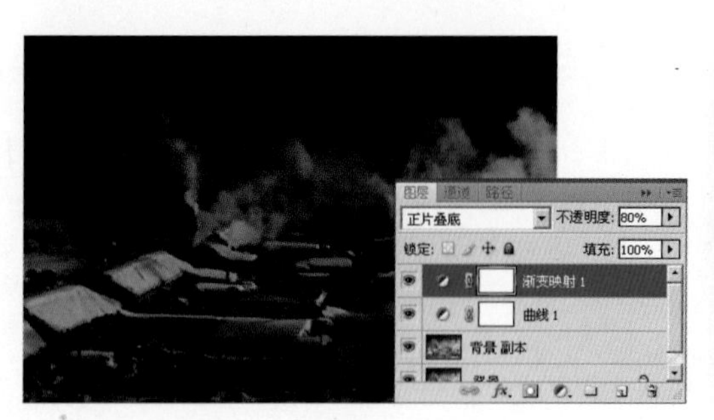

8）按【Ctrl+Alt+Shift+E】快捷键，执行“盖印图层”命令，得到“图层1”图层，其效果如下图所示。

9）使用工具箱中的“钢笔工具”，在工具选项栏中单击“路径”按钮，绘制图像中高光的轮廓路径，得到的效果如下图所示。

10）按【Ctrl+Enter】快捷键，将路径转换为选区，按【Shift+F6】键执行羽化选区命令，在弹出的“羽化选区”对话框中设置参数后单击“确定”按钮，得到的效果如下图所示。

11）按【Ctrl+M】快捷键，在弹出的“曲线”对话框中进行参数设置，然后单击“确定”按钮，设置完成后按【Ctrl+D】快捷键，取消选区，得到的效果如下图所示。

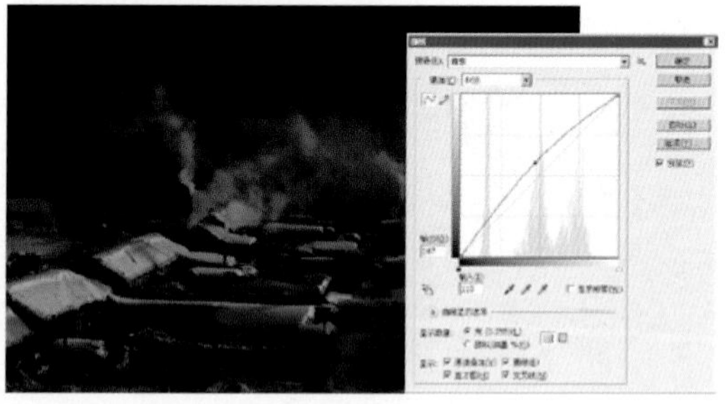

12）单击“创建新的填充或调整图层”按钮，在菜单中选择“曲线”命令，设置弹出的“曲线”对话框中的参数，如下图所示。

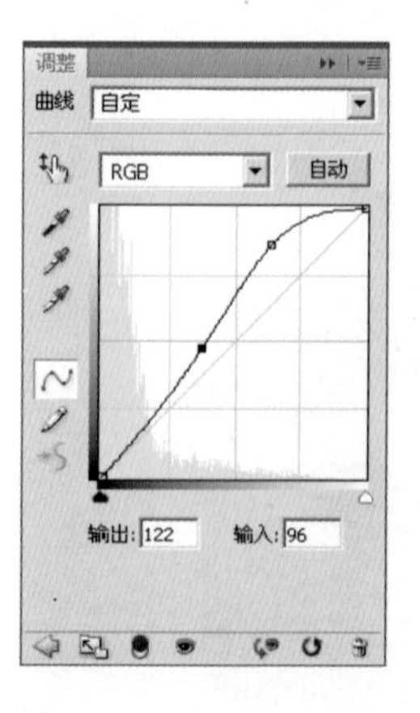

13 设置完“曲线”命令后，自动生成“曲线2”图层，图像及其图层面板如下图所示。

14 画面中烟雾颜色有些过，需要进行修饰。单击“曲线2”的图层蒙版，使用“画笔工具”并设置适当的画笔大小后，在烟雾的位置进行涂抹，效果如下图所示。

画笔: 100 模式: 正常 不透明度: 100% 流量: 100%

15 按【Ctrl+Alt+Shift+E】快捷键，执行“盖印图层”命令，得到“图层 2”图层，效果如下图所示。

16 拖动“背景”图层到图层面板底部的“创建新图层”按钮上，对图层进行复制操作，得到“背景 副本2”图层，将其置于“图层 2”的下方，如下图所示。

17 确定“图层 2”为当前操作图层，设置图层的混合模式为“颜色”，得到的效果如下图所示。

18 单击“创建新的填充或调整图层”按钮，在菜单中选择“曲线”命令，设置弹出的“曲线”对话框中各通道的参数，如下图所示。

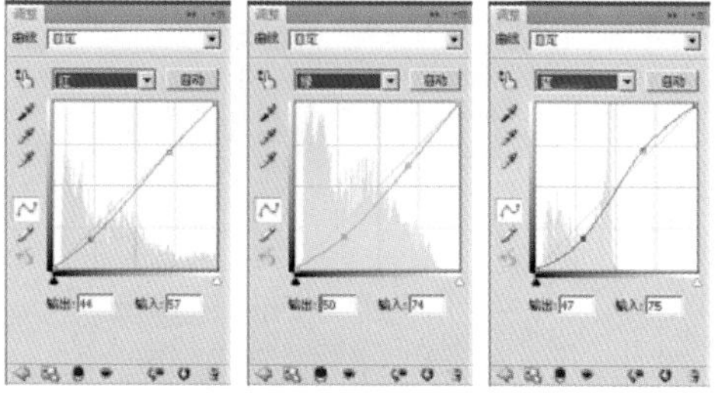

19 设置完“曲线”命令后，自动生成“曲线3”图层，图像及其图层面板如下图所示。

20 再次单击“创建新的填充或调整图层”按钮 ，在菜单中选择“曲线”命令，设置弹出的“曲线”对话框中各通道的参数，如下图所示。

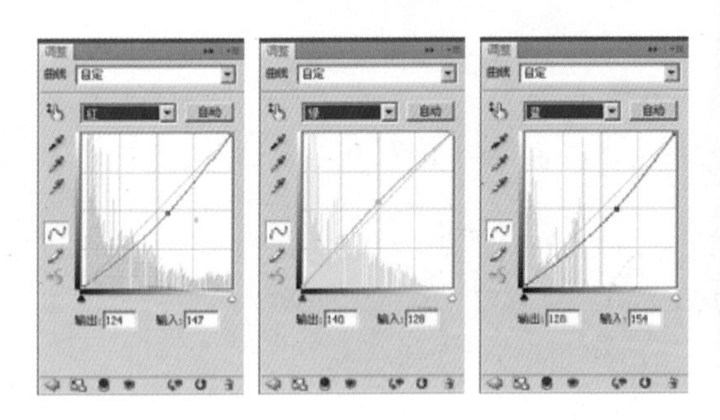

21 设置完“曲线”命令后，自动生成“曲线4”图层，图像的最终效果就制作完成了，效果如下图所示。

爱 摄 影

Part 06

绘画与艺术效果篇

超现实主义风格

调整效果

原图效果

难易度　　查找边缘　渐变映射

本例是利用“渐变映射”，“查找边缘”，“亮度/对比度”等应用技巧，将照片处理成超现实主义风格的效果，具体操作步骤如下。

1 执行“文件”/“打开”命令，在弹出的“打开”对话框中选择随书光盘中的“素材 1”文件，图像及其图层面板如下图所示。

2 单击“创建新的填充或调整图层”按钮，在菜单中选择“渐变映射”命令，如下图所示。

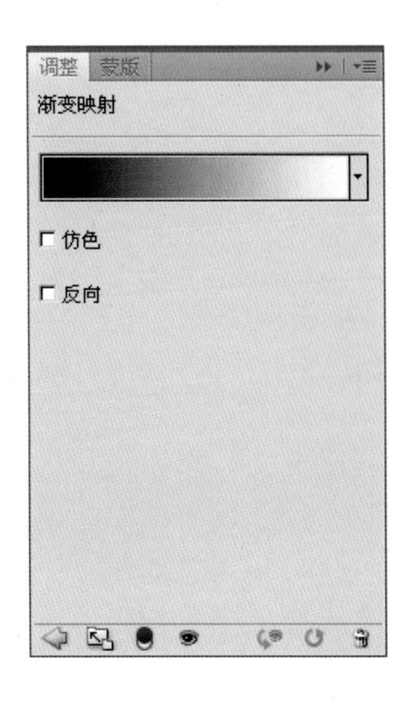

3 单击“渐变映射”对话框中的渐变颜色条，在弹出的“渐变编辑器”中设置其颜色参数后单击“确定”按钮，参数面板如下图所示。

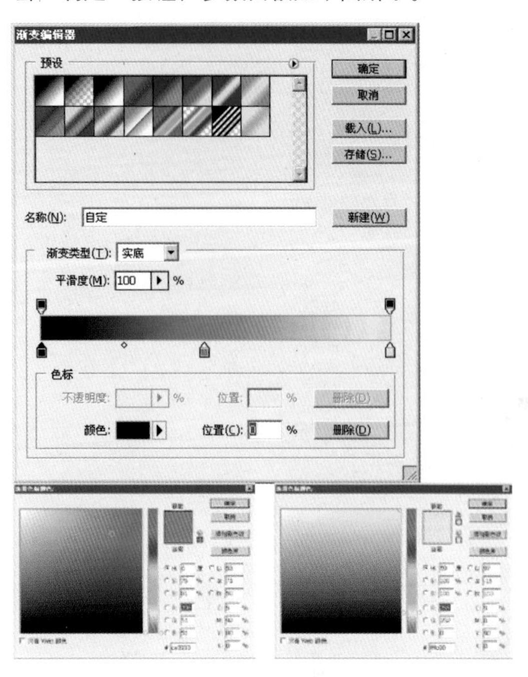

4 执行完“渐变映射”命令后，自动生成“渐变映射1”图层，图像效果及其图层面板如下图所示。

5）复制“背景”图层，得到“背景副本”图层，并将“背景副本”图层置于图层的最上方，效果如下图所示。

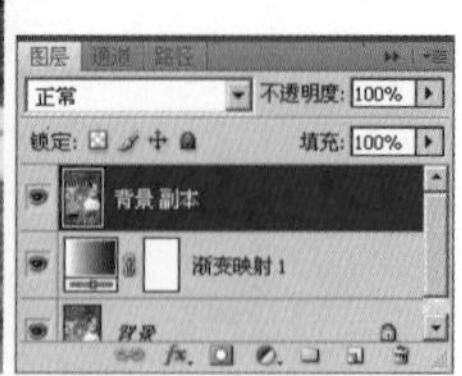

6）执行菜单栏中的“滤镜”/“风格化”/“查找边缘”命令，得到的效果如下图所示。

7）执行菜单栏中的“图像”/“调整”/“去色”命令，将“背景副本”图层转换成灰色线条，效果如下图所示。

8）选择“背景副本”图层，将其图层的混合模式设置为“叠加”，不透明度设置为“50%”，得到的效果如下图所示。

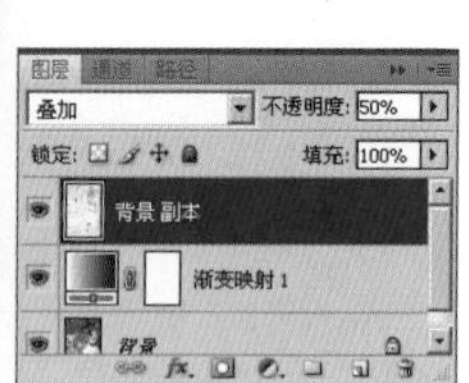

9）单击“创建新的填充或调整图层”按钮，在菜单中选择“亮度/对比度”命令，设置弹出的“亮度/对比度”命令对话框中的参数，如下图所示。

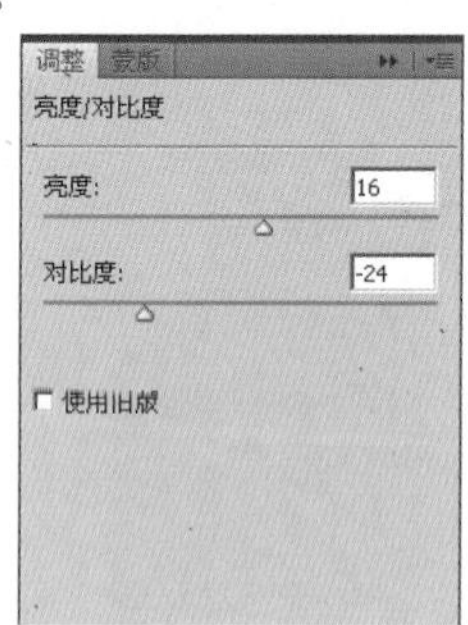

10）设置完“亮度/对比度”参数后，自动生成“亮度/对比度1”图层，图像的最终效果如下图所示。

粗糙的彩色蜡笔画效果

调整效果

原图效果

难易度 颗粒 纹理化

本例讲解的是一种简单速成的蜡笔画制作方法。主要运用了"颗粒"、"成角的线条"、"纹理化"等命令，达到一种彩色蜡笔勾勒的效果，具体操作步骤如下。

粗糙的彩色蜡笔画效果

1 执行“文件”/“打开”命令，在弹出的“打开”对话框中选择随书光盘中的“素材 1”文件，复制“背景”图层，得到“背景 副本”图层，如下图所示。

2 继续复制“背景”图层，得到“背景 副本2”图层，然后将“背景 副本2”图层暂时隐藏，图层面板如下图所示。

3 单击“背景 副本”图层，执行菜单栏中的“滤镜”/“纹理”/“颗粒”命令，设置弹出的对话框中的参数后，单击“确定”按钮，得到的效果如下图所示。

4 执行菜单栏中的“滤镜”/“模糊”/“动感模糊”命令，设置弹出的对话框中的参数后，单击“确定”按钮，得到的效果如下图所示。

5 执行菜单栏中的“滤镜”/“画笔描边”/“成角的线条”命令，设置弹出的对话框中的参数后，单击“确定”按钮，效果如下图所示。

6 单击“添加图层蒙版”按钮，为“背景副本”添加图层蒙版，设置前景色为黑色，使用“画笔工具”并设置适当的画笔大小，在图像中牛头的部位涂抹，其蒙版状态和图层面板如下图所示。

7 选择"背景 副本2"图层，使其设置为显示状态，设置图层的混合模式为"叠加"，得到的效果如下图所示。

8 确定"背景 副本2"为当前操作图层，执行菜单栏中的"滤镜"/"风格化"/"查找边缘"命令，得到的效果如下图所示。

9 选择"背景 副本2"图层，执行菜单栏中的"图像"/"调整"/"去色"命令，得到的效果如下图所示。

10 执行菜单栏中的"滤镜"/"纹理"/"纹理化"命令，设置弹出的对话框中的参数后，单击"确定"按钮，得到的效果如下图所示。

11 单击"创建新的填充或调整图层"按钮，在弹出的菜单中选择"色阶"命令，设置弹出的"色阶"命令对话框中的参数，如下图所示。

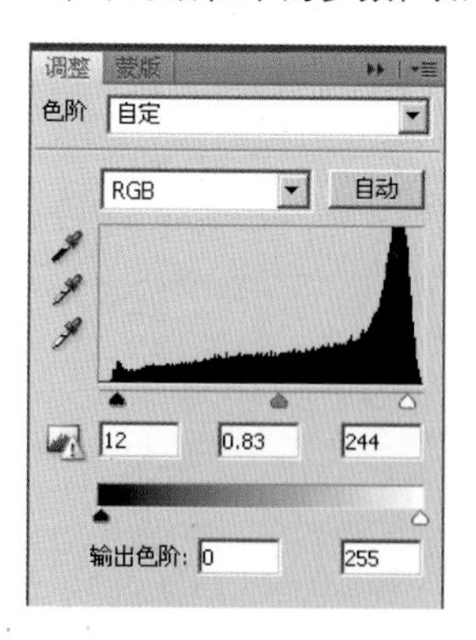

12 设置完"色阶"命令后，自动生成"色阶1"图层，图像的最终效果就制作完成了，效果如下图所示。

打造铅笔勾勒的素描效果

调整效果

原图效果

难易度　　胶片颗粒　粗糙蜡笔

素描作品中的线条笔触总是那么动人，富有层次感，可绘制一幅好的素描作品需要下很大的功夫。本章节讲解的是通过Photoshop软件，经过简单的处理，打造铅笔勾勒的素描效果。

打造铅笔勾勒的素描效果

1）执行“文件”/“打开”命令，在弹出的“打开”对话框中选择随书光盘中的“素材 1”文件，复制“背景”图层，得到“背景 副本”图层，如下图所示。

2）执行菜单栏中的“图像”/“调整”/“去色”命令，使图像颜色变为黑白效果。然后再复制去色后的“背景 副本”，得到“背景 副本 2”，图像及其图层面板如下图所示。

3）执行菜单栏中的“滤镜”/“风格化”/“查找边缘”命令，制作轮廓线，得到的效果如下图所示。

4）将“背景 副本2”图层隐藏，然后选择“背景 副本”图层为当前可编辑图层，如下图所示的效果。

5）执行菜单栏中的“滤镜”/“艺术效果”/“胶片颗粒”命令，设置弹出的对话框中的参数后单击“确定”按钮，得到如下图所示的效果。

6）执行菜单栏中的“滤镜”/“艺术效果”/“粗糙蜡笔”命令，设置弹出的对话框中的参数后单击“确定”按钮，得到如下图所示的效果。

7 将隐藏的“背景　副本2”图层显示，设置图层的混合模式为“正片叠底”，不透明度设置为“37%”，得到的效果如下图所示。

8 单击“创建新的填充或调整图层”按钮，在菜单中选择“色阶”命令，设置弹出的“色阶”命令对话框中的参数，如下图所示。

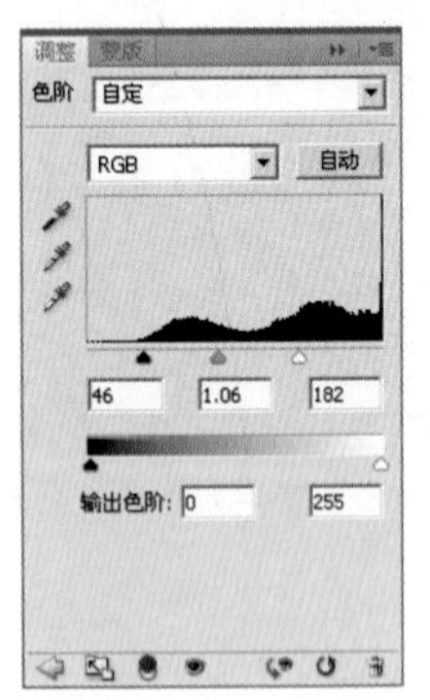

9 设置完“色阶”参数后，自动生成“色阶1”图层，图像的最终效果就制作完成了，如下图所示。

10 另一种制作方法。执行菜单栏中的“滤镜”/“艺术效果”/“粗糙蜡笔”命令，设置弹出的对话框中的参数后单击“确定”按钮，参数设置如下图所示。

11 执行菜单栏中的“图像”/“调整”/“去色”命令，将图像转换为灰度效果，如下图所示。

12 单击“创建新的填充或调整图层”按钮，在菜单中选择“色阶”命令，设置弹出的“色阶”命令对话框中的参数后，得到的另一种效果如下图所示。

古典作品的回想

调整效果

原图效果

难易度 水彩 纹理化

本例讲解的是使用“水彩”、“纹理化”滤镜创作出古典画的视觉效果。制作过程中需要注意图层混合模式和不透明度的调整，具体操作步骤如下。

1 执行“文件”/“打开”命令，在弹出的“打开”对话框中选择随书光盘中的“素材 1”文件，复制“背景”图层，得到“背景 副本”图层，如下图所示。

2 执行菜单栏中的“滤镜”/“艺术效果”/“水彩”命令，设置弹出的对话框中的参数，如下图所示。

3 执行完“水彩”命令后，单击“确定”按钮，为图像添加了水彩的绘画效果，如下图所示。

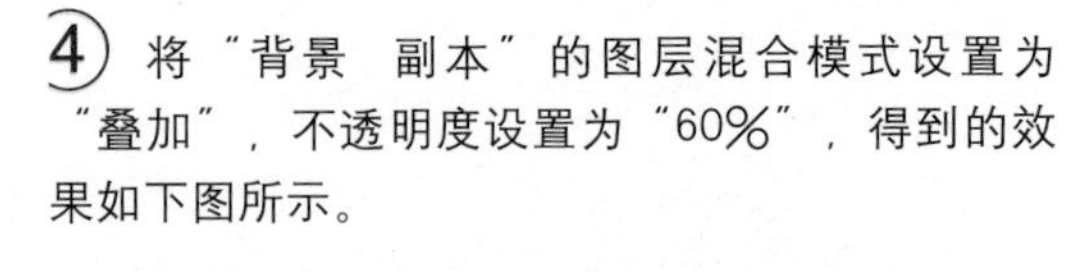

4 将“背景 副本”的图层混合模式设置为“叠加”，不透明度设置为“60%”，得到的效果如下图所示。

5 复制“背景 副本”图层，得到“背景 副本2”图层，执行菜单栏中的“滤镜”/“纹理”/“纹理化”命令，设置弹出的对话框中的参数，如下图所示。

6 设置完“纹理化”命令后，单击“确定”按钮，为图像添加了纹理效果，然后将“背景 副本2”图层的不透明度设置为“50%”，得到的效果如下图所示。

⑦ 单击“创建新的填充或调整图层”按钮，在弹出的菜单中选择“亮度/对比度”命令，设置弹出的“亮度/对比度”命令对话框中的参数，如下图所示。

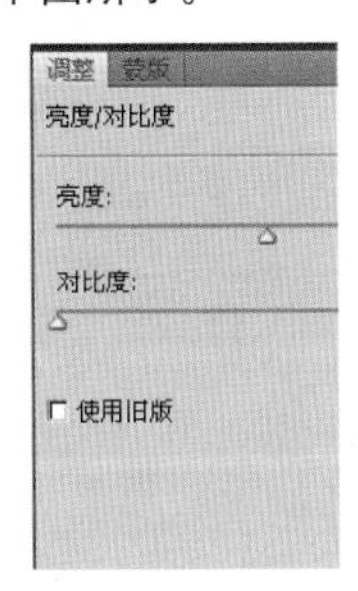

⑧ 设置完“亮度/对比度”命令后，自动生成“亮度/对比度1”图层，得到的效果如下图所示。

⑨ 设置前景色为黑色，使用“画笔工具”设置适当的画笔大小，在“亮度/对比度1”的图层蒙版中进行涂抹绘制，只保留画面中心的亮度，如下图所示。

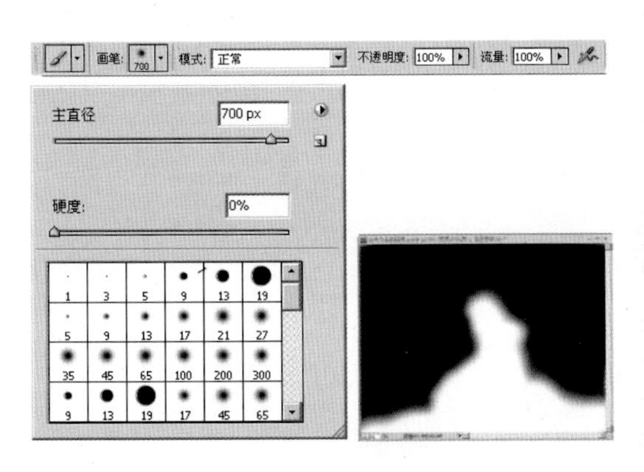

⑩ 使用“画笔工具”修饰完成后，古典画的最终效果就创作完成了，得到的效果如下图所示。

⑪ 用另一种方法快速改变画面效果。单击“创建新的填充或调整图层”按钮，在菜单中选择“色相/饱和度”命令，设置弹出的“色相/饱和度”命令对话框中的参数，如下图所示。

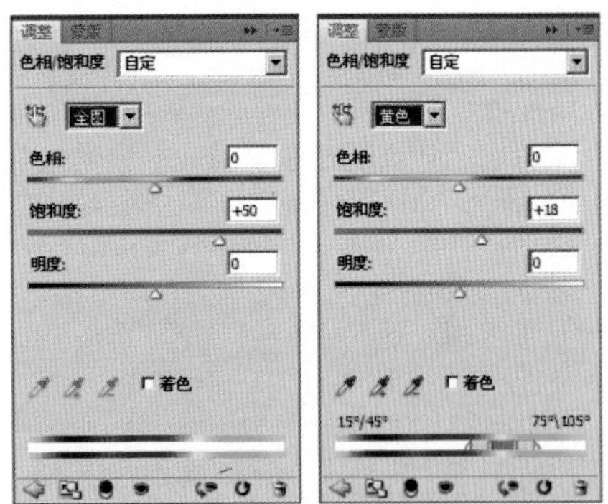

⑫ 设置完“色相/饱和度”命令后自动生成“色相/饱和度 1”图层，得到最终效果如下图所示。

浪漫主义风景照

调整效果

原图效果

难易度 查找边缘　渐变映射 

本例讲解的是将一张普通的风景照片经过处理制作成具有浪漫情怀的风景照片。主要运用了"查找边缘"、"渐变映射"等命令，具体操作步骤如下。

1 执行“文件”/“打开”命令，在弹出的“打开”对话框中选择随书光盘中的“素材 1”文件，按【Ctrl+J】键复制“背景”图层，得到“图层 1”图层，如下图所示。

2 执行菜单栏中的“滤镜”/“风格化”/“查找边缘”命令，得到的效果如下图所示。

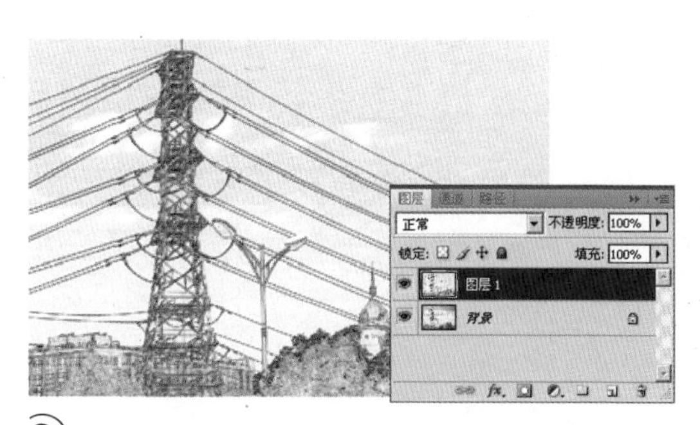

3 将“图层 1”的图层混合模式设置为“叠加”，不透明度设置为“60%”，得到的效果如下图所示。

4 单击“添加图层蒙版”按钮，为“图层 1”添加图层蒙版。设置前景色为黑色，使用“画笔工具”并设置适当的画笔大小，在图像中涂抹天空的位置，将其擦回原来的影调，得到的效果如下图所示。

5 单击“创建新的填充或调整图层”按钮，在菜单中选择“渐变映射”命令，在弹出的“渐变映射”对话框中单击渐变条，在弹出的“渐变编辑器”中选择渐变色，如下图所示。

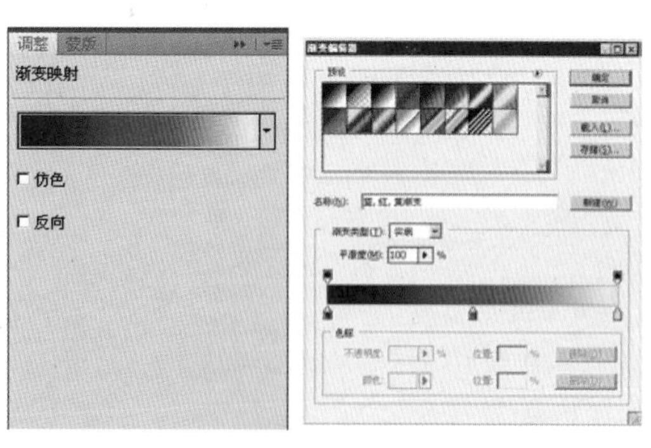

6 设置完“渐变映射”命令后自动生成“渐变映射 1”图层，图像效果及其图层面板如下图所示。

7 将“渐变映射 1”图层的“不透明度”设置为“37%”，“填充”设置为“50%”，得到的效果如下图所示。

8 单击“创建新的填充或调整图层”按钮，在菜单中选择“色相/饱和度”命令，设置弹出的“色相/饱和度”命令对话框中的参数，如下图所示。

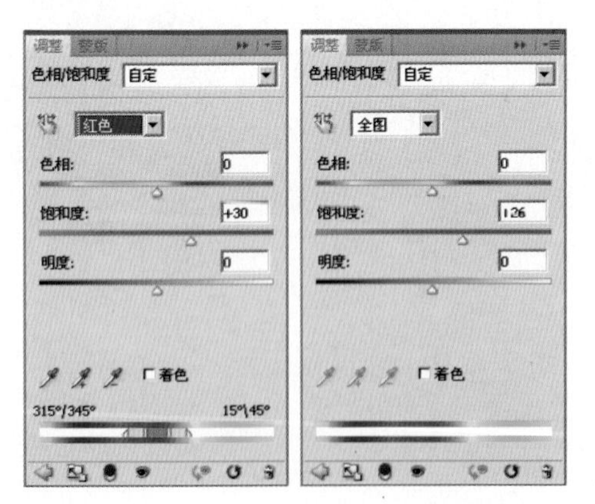

9 设置完“色相/饱和度”参数后自动生成“色相/饱和度 1”图层，图像效果及其图层面板如下图所示。

10 单击“创建新的填充或调整图层”按钮，在菜单中选择“色阶”命令，设置弹出的“色阶”命令对话框中的参数，如下图所示。

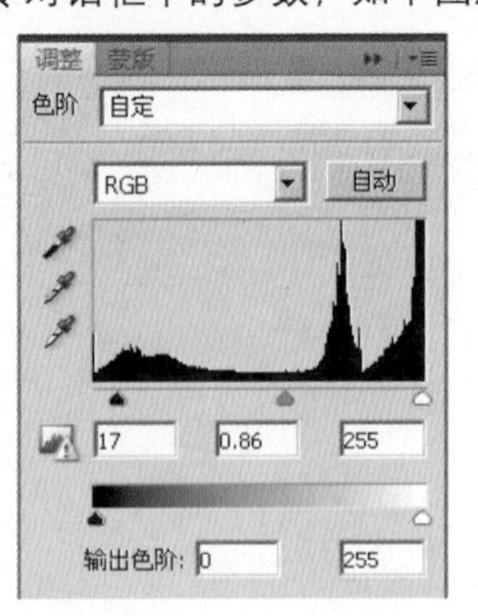

11 设置完“色阶”参数后，自动生成“色阶 1”图层，得到的图像效果及其图层面板如下图所示。

12 使用工具箱中的“画笔工具”并设置适当的画笔大小，在“色阶 1”的图层蒙版中进行涂抹绘制，将天空擦回原来的影调，得到图像的最终效果如下图所示。

画笔: 600 模式: 正常 不透明度: 100% 流量: 100%

版画效果

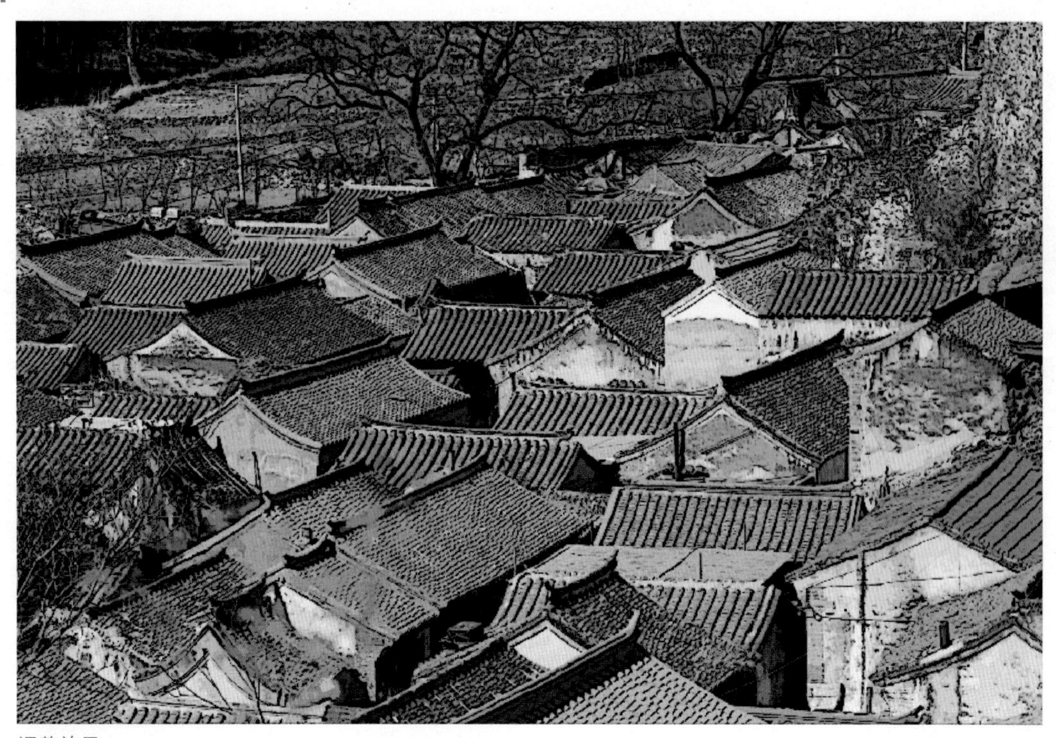
调整效果

原图效果

难易度 木刻 影印 图章

本例讲解的是将一张平淡无奇的照片制作成版画效果。先利用Photoshop中强大的滤镜功能制作出木刻效果，然后利用“影印”和“图章”命令制作出版画效果，具体操作步骤如下。

1 执行“文件”/“打开”命令，在弹出的“打开”对话框中选择随书光盘中的“素材 1”文件，此时的图像效果如下图所示。

2 单击“创建新的填充或调整图层”按钮，在菜单中选择“色阶”命令，设置弹出的“色阶”命令对话框，参数设置如下图所示。

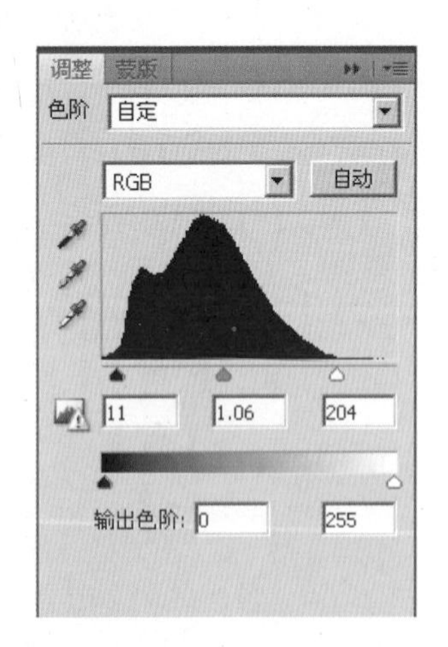

3 设置完“色阶”参数后自动生成“色阶 1”图层，图像效果及其图层面板如下图所示。

4 单击“创建新的填充或调整图层”按钮，在菜单中选择“色相/饱和度”命令，设置弹出的“色相/饱和度”命令对话框中的参数，如下图所示。

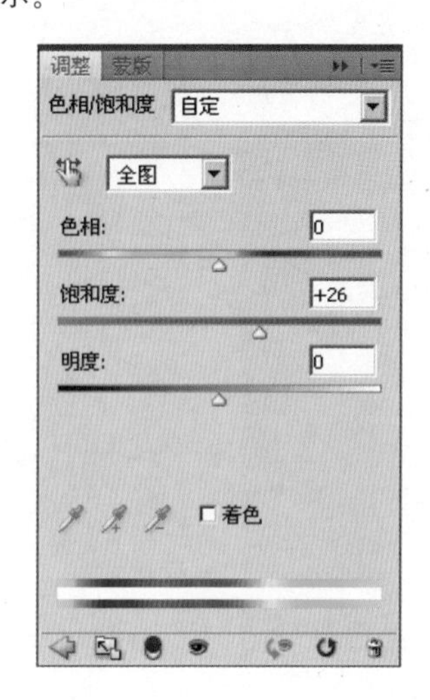

5 设置完“色相/饱和度”参数后自动生成“色相/饱和度 1”图层，图像效果及其图层面板如下图所示。

6 按【Ctrl+Alt+Shift+E】快捷键，执行“盖印图层”命令，得到“图层 1”图层，然后按【Ctrl+J】键执行复制图层命令，连续按两次，得到“图层1 副本”和“图层1 副本2”图层，图层面板如下图所示。

7 将“图层1 副本”和“图层1 副本2”图层隐藏，然后确定“图层 1”图层为当前操作图层，执行菜单栏中的“滤镜”/“艺术效果”/“木刻”命令，在弹出的对话框中设置其参数，如下图所示。

8 设置完成后单击“确定”按钮，为图像添加一个木刻的效果，图像及其图层面板如下图所示。

9 选择并显示“图层1 副本”图层，然后执行菜单栏中的“滤镜”/“素描”/“影印”命令，在弹出的对话框中设置其参数，如下图所示。

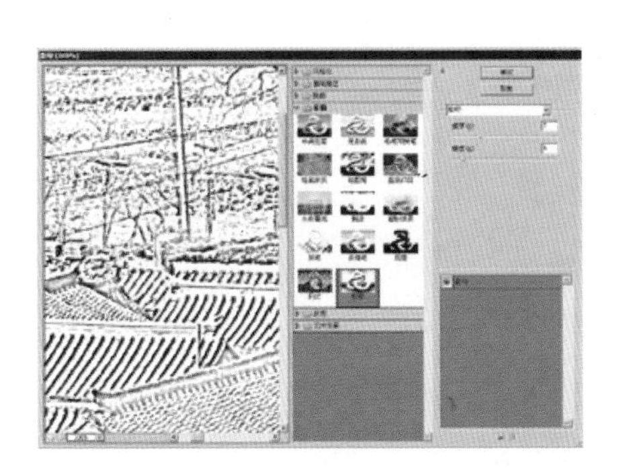

10 设置完“影印”参数后，单击“确定”按钮，得到图像效果及其图层面板如下图所示。

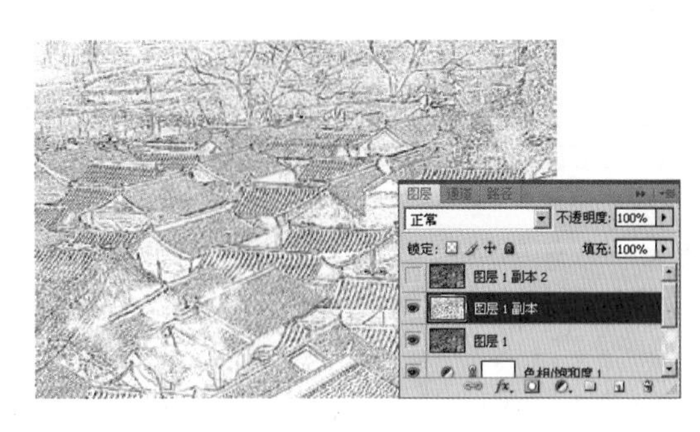

11 将“图层1 副本”的图层混合模式设置为“颜色加深”，图像和背景融合到一起了，得到的效果如下图所示。

12 选择并显示“图层1 副本2”图层，然后执行菜单栏中的“滤镜”/“素描”/“图章”命令，在弹出的对话框中设置其参数，如下图所示。

13 设置完成“图章”命令后，单击“确定”按钮，得到图像效果及其图层面板如下图所示。

14 将“图层1 副本2”的图层混合模式设置为“正片叠底”，不透明度设置为“20%”，得到的效果如下图所示。

15 单击“创建新的填充或调整图层”按钮，在菜单中选择“色相/饱和度”命令，设置弹出的“色相/饱和度”命令对话框中各通道的参数，如下图所示。

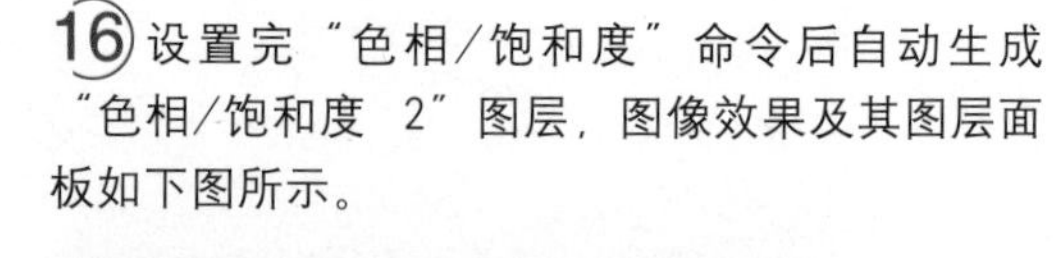

16 设置完“色相/饱和度”命令后自动生成“色相/饱和度 2”图层，图像效果及其图层面板如下图所示。

17 单击“创建新的填充或调整图层”按钮，在菜单中选择“曲线”命令，设置弹出的“曲线”命令对话框中的参数，如下图所示。

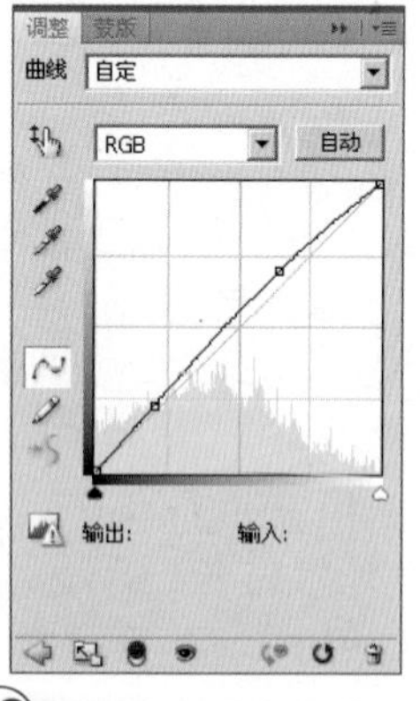

18 设置完“曲线”参数后自动生成“曲线 1”图层，日式版画的最终效果就制作完成了，效果如下图所示。

印象派景色

调整效果

原照片色彩暗淡，光线不足，比较平淡，没有生机。本例讲解的是如何将其调整成印象派景色。制作过程中主要运用了“色阶”、“曲线”和“色相/饱和度”等命令，具体操作步骤如下。

原图效果

难易度　　色阶　色相/饱和度

1 执行“文件”/“打开”命令，在弹出的“打开”对话框中选择随书光盘中的“素材 1”文件，按【Ctrl+J】键复制“背景”图层，得到“图层 1”图层，如右图所示。

2 单击“创建新的填充或调整图层”按钮，在菜单中选择“色阶”命令，设置弹出的“色阶”命令对话框中的参数，如下图所示。

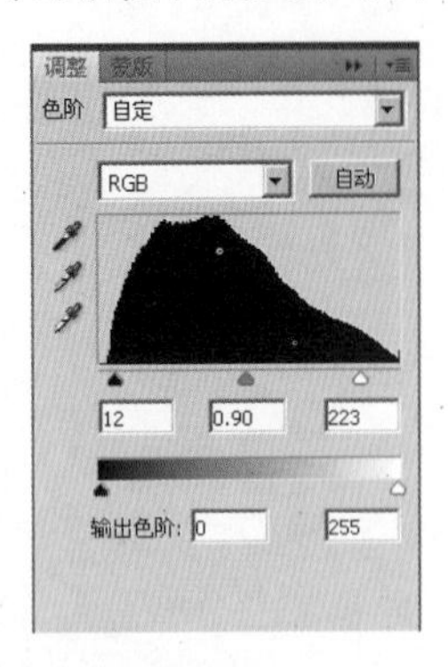

3 设置完“色阶”命令后，自动生成“色阶1”图层，图像及其图层面板如下图所示。

4 调整对比度。单击“创建新的填充或调整图层”按钮，在菜单中选择“曲线”命令，设置弹出的“曲线”命令对话框中的参数，如下图所示。

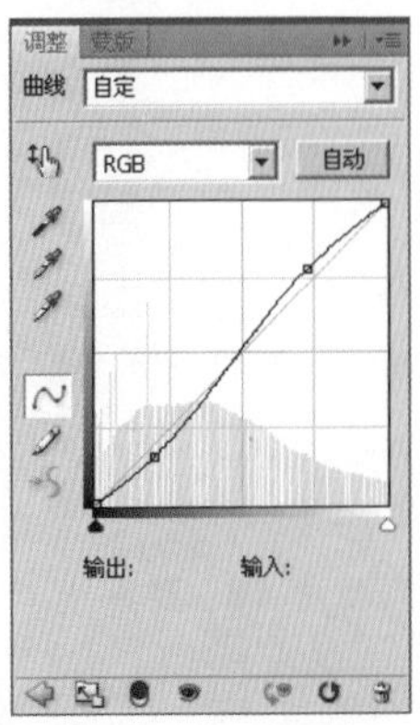

5 设置完“曲线”命令后，自动生成“曲线1”图层，图像的对比度增强了，效果如下图所示。

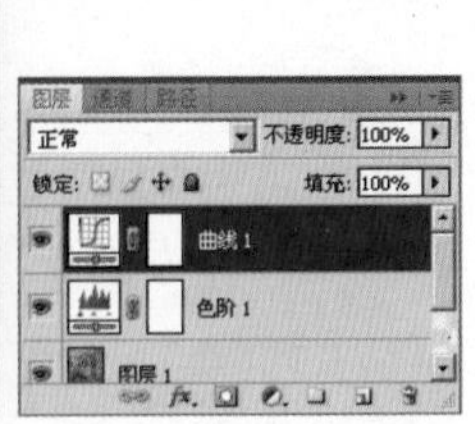

6 精细调整色调。单击“创建新的填充或调整图层”按钮，在菜单中选择“色相/饱和度”命令，设置弹出的“色相/饱和度”命令对话框中的参数，如下图所示。

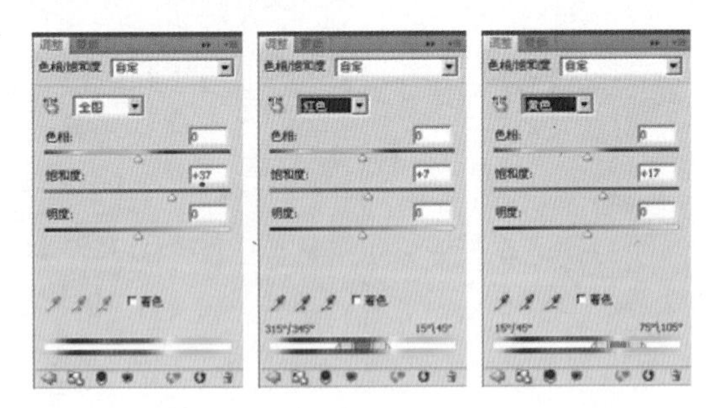

7 设置完“色相/饱和度”命令后，自动生成“色相/饱和度1”图层，图像恢复了原有的生机，整个画面显得非常艳丽，效果如下图所示。

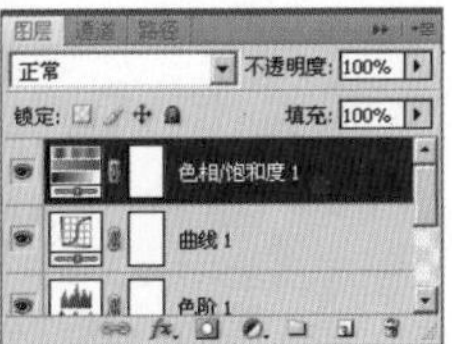

爱 摄 影

Part 07

黑白影像处理篇

彩色变黑白

调整效果

原图效果

难易度 去色命令 阈值 

本例是将彩色照片变成黑白照片，并将整体曝光不足的照片进行补光。制作重点是先将图像复制转换成“灰度”模式，然后进行填充，具体操作步骤如下。

彩色变黑白

1 执行“文件”/“打开”命令，在弹出的“打开”对话框中选择随书光盘中的“素材 1”文件，图像及其图层面板如下图所示。

2 执行菜单栏中的“图像”/“调整”/“去色”命令，彩色图像变成了阴暗的灰色图像，效果如下图所示。

3 在菜单栏中选择“图像”/“调整”/“色阶”命令，在弹出的“色阶”命令对话框中设置其参数后，单击“确定”按钮，得到的效果如下图所示。

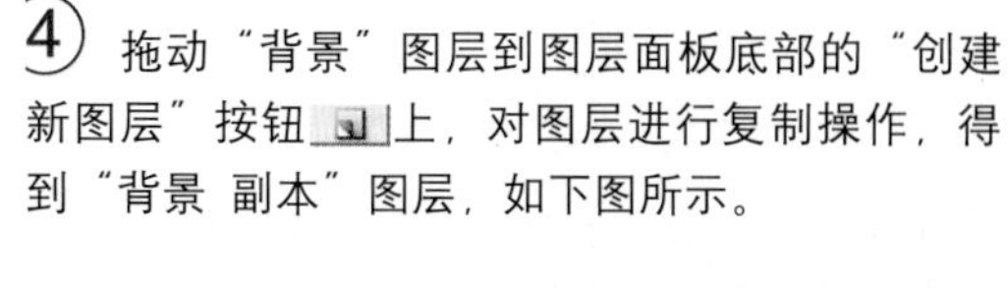

4 拖动“背景”图层到图层面板底部的“创建新图层”按钮上，对图层进行复制操作，得到“背景 副本”图层，如下图所示。

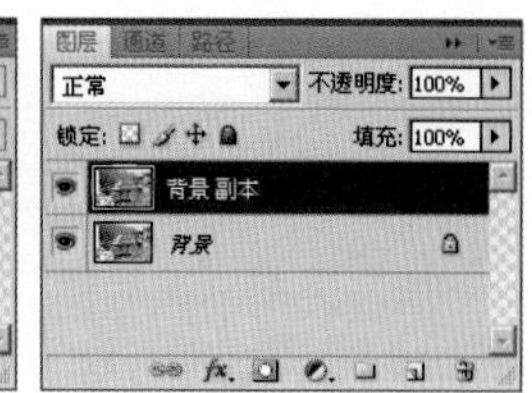

5 在菜单栏中选择“图像”/“调整”/“阈值”命令，在弹出的“阈值”命令对话框中移动“阈值色阶”滑块设置参数，然后单击“确定”按钮，得到的效果如下图所示。

6 将“背景 副本”图层的图层混合模式设置为“叠加”，不透明度设置为“56%”，得到的最终效果如下图所示。

黑白照片调色效果

调整效果

原图效果

难易度 色彩平衡 

本例是将普通的黑白照片添加一些微妙的色彩效果。制作重点是利用“色彩平衡”命令对图片的高光选区进行调色，具体操作步骤如下。

黑白照片调色效果

1 执行“文件”/“打开”命令，在弹出的“打开”对话框中选择随书光盘中的“素材 1”文件，图像及其图层面板如下图所示。

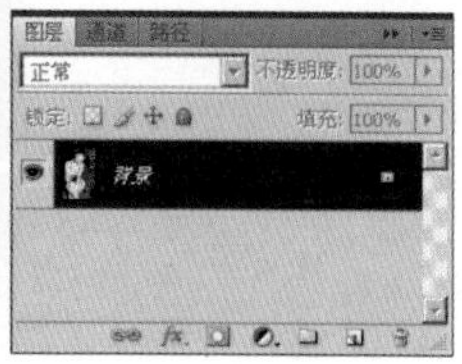

2 按【Ctrl+Alt+2】快捷键载入高光选区命令，将图像的高光载入选区，得到的效果如下图所示。

3 按【Ctrl+J】快捷键，复制选区内容，自动生成“图层 1”图层，得到效果如下图所示。

4 执行菜单栏中的“图像”/“调整”/“色彩平衡”命令，在弹出的“色彩平衡”对话框中分别设置参数，如下图所示。

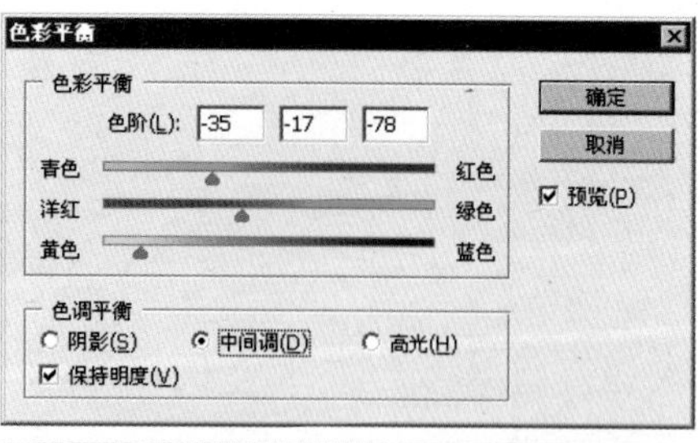

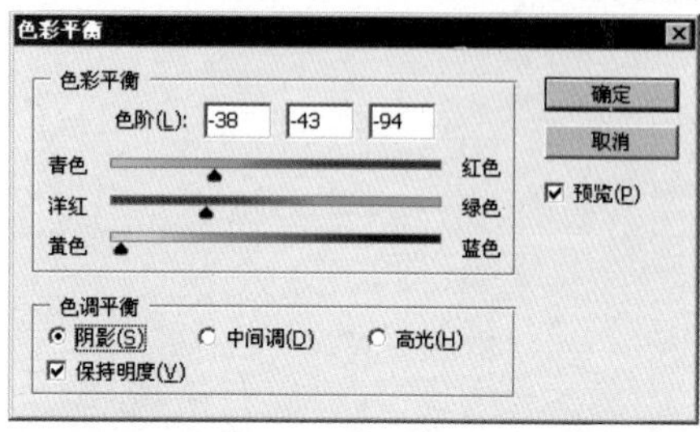

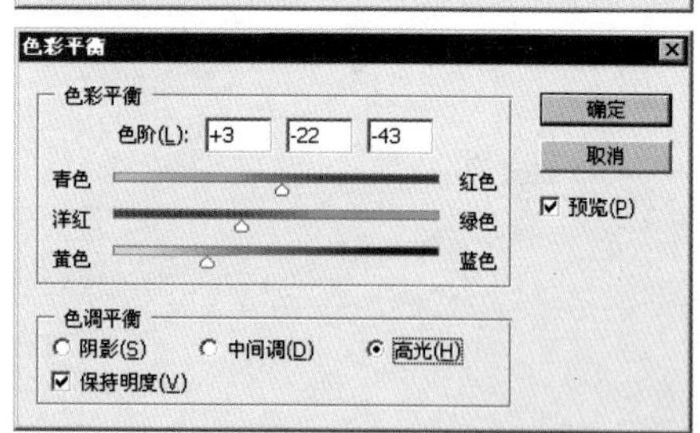

5 设置完“色彩平衡”参数后，图像的色彩发生了微妙的变化，得到图像的最终效果如下图所示。

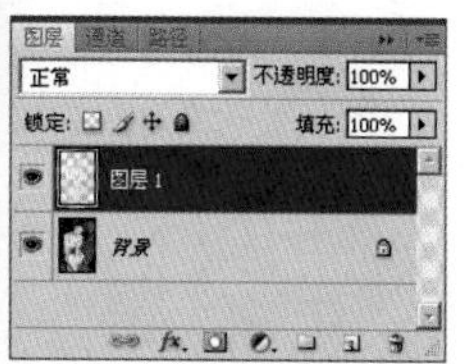

黑白淡雅效果

调整效果

原图效果

难易度 混合模式 

本例是将一张普通的生活照片通过Photoshop软件进行处理，得到一种灰色调的黑白淡雅效果的照片。制作过程中主要运用图层混合模式中的“柔光”和“强光”，具体操作步骤如下。

1 执行“文件”/“打开”命令，在弹出的“打开”对话框中选择随书光盘中的“素材 1”文件，复制“背景”图层，得到“背景 副本”图层，如下图所示。

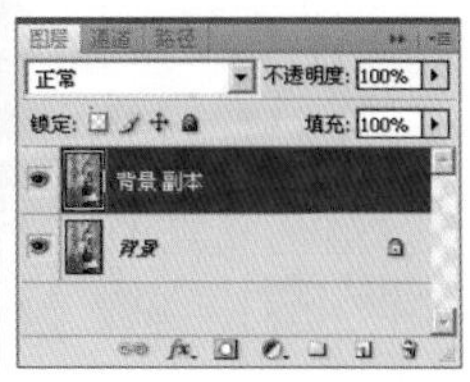

2 选择“背景 副本”图层，在菜单栏中执行“图像”/“调整”/“反相”命令，得到的效果如下图所示。

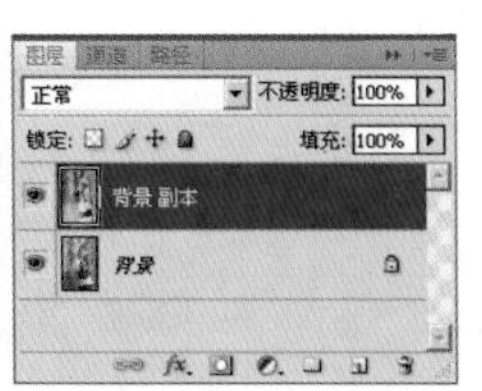

3 选择“背景 副本”图层，将其图层混合模式设置为“颜色”，得到的效果如下图所示。

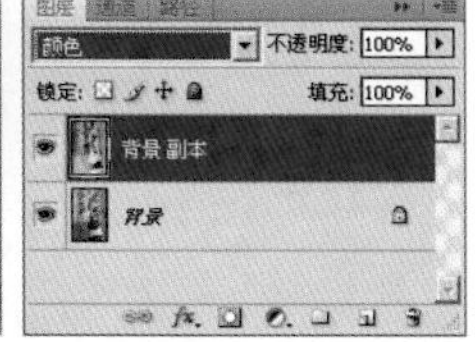

4 单击“创建新的填充或调整图层”按钮，在菜单中选择“色阶”命令，设置弹出的“色阶”命令对话框中的参数，如下图所示。

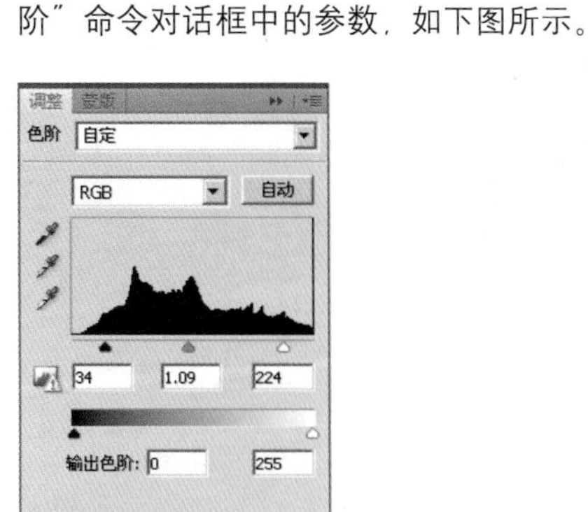

5 设置完“色阶”参数后，自动生成“色阶 1”图层，得到的效果如下图所示。

6 复制“背景”图层，得到“背景 副本2”图层，并将其放置于图层面板的最上方，图层面板状态如下图所示。

7）选择“背景 副本2”图层，将其图层混合模式设置为“柔光”，得到效果如下图所示。

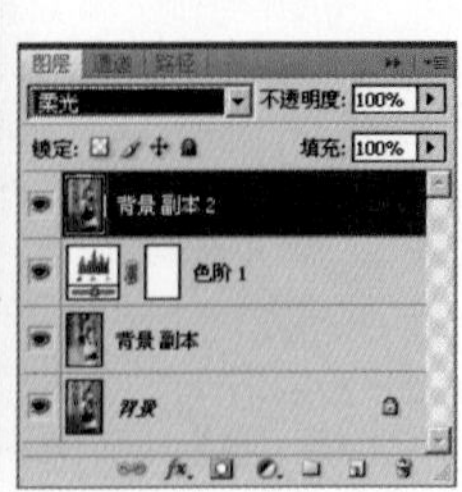

8）复制“背景”图层，得到“背景 副本3”图层，并将其放置于图层面板的最上方，图层面板状态如下图所示。

9）选择“背景 副本3”图层，将其图层混合模式设置为“强光”，不透明度设置为“30%”，得到效果如下图所示。

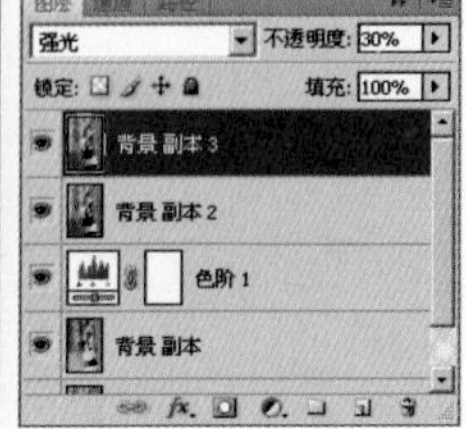

10）图像中人物的皮肤颜色有点偏蓝，需要进行修饰。使用“画笔工具”并设置前景色为黑色，选择适当的画笔大小后，单击“色阶1”的图层蒙版进行涂抹修饰，涂抹效果如下图所示。

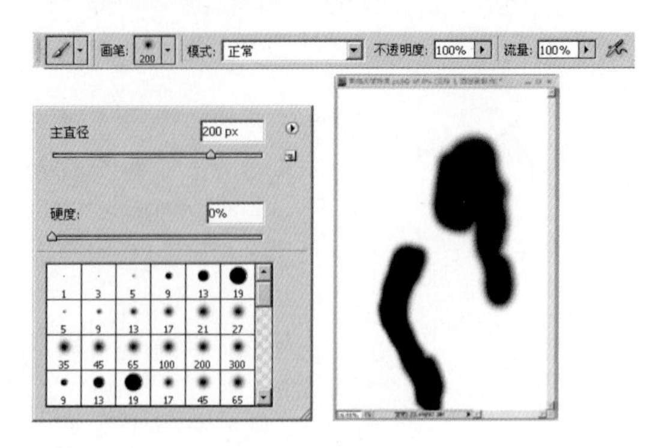

11）使用“画笔工具”涂抹后，人物的皮肤颜色得到了修饰，图像的最终效果就制作完成了，效果如下图所示。

黑白风景照

调整效果

原图效果

难易度 黑白 亮度/对比度 

本例是将普通的风景照片转化成黑白效果的图片。制作重点是利用“调整”中的“黑白”命令增加图片的灰度细节，具体操作步骤如下。

1）执行“文件”/“打开”命令，在弹出的“打开”对话框中选择随书光盘中的“素材 1”文件，图像及其图层面板如下图所示。

2）执行菜单栏中的“图像”/“调整”/“黑白”命令，在弹出的“黑白”对话框中设置其参数，单击“确定”按钮，得到效果如下图所示。

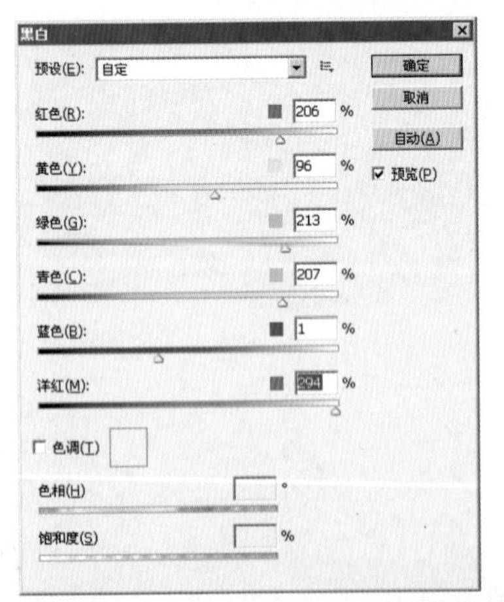

3）单击“创建新的填充或调整图层”按钮，在菜单中选择“亮度/对比度”命令，设置弹出的“亮度/对比度”命令对话框中的参数，如下图所示。

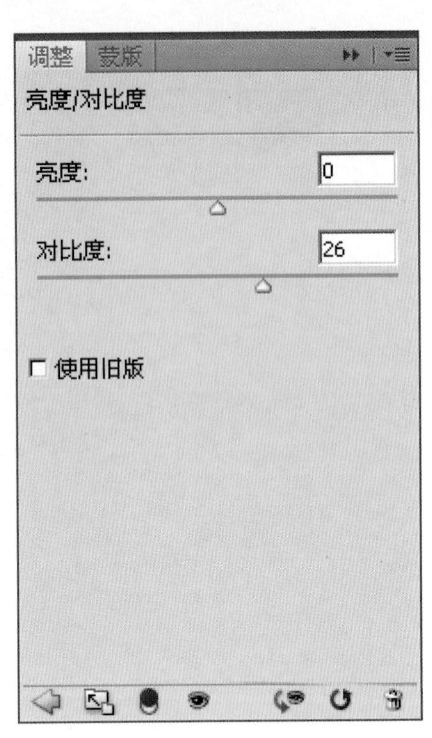

4）设置完“亮度/对比度”参数后，自动生成“亮度/对比度1”图层，图像的最终效果如下图所示。

调整效果

原图效果

本例主要目的是为了帮助读者了解并掌握如何在Photoshop软件中利用“计算”命令将彩色照片转换成灰度效果的图片，具体操作步骤如下。

难易度 计算

1 执行“文件”/“打开”命令，在弹出的“打开”对话框中选择随书光盘中的“素材 1”文件，图像及其图层面板如左图所示。

② 执行菜单栏中的“图像”/“计算”命令，在弹出的“计算”对话框中设置如图所示参数后，单击“确定”按钮，此时的红色像素发生了变化，得到的效果如下图所示。

③ 执行菜单栏中的“图像”/“计算”命令，在弹出的“计算”对话框中设置与上一步相同的参数，单击“确定”按钮，得到的效果如下图所示。

④ 执行菜单栏中的“图像”/“计算”命令，在弹出的“计算”对话框中设置如图所示参数后，单击“确定”按钮，得到的效果如下图所示。

⑤ 切换到“通道”面板，此时由于三次混合产生了三个新的通道。执行菜单栏中的“图像”/“计算”命令，在弹出的“计算”对话框中设置如图所示参数后，单击“确定”按钮，生成“Alpha4”通道，效果如下图所示。

⑥ 由于此时的灰度是处于通道内，并未合成到整体的彩色效果中，所以将目前的灰度效果转换成“灰度”模式进行固定，选择新合成的“Alpha4”通道，执行“图像”/“模式”/“灰度”命令，在弹出的对话框中单击“确定”按钮即可，如下图所示。

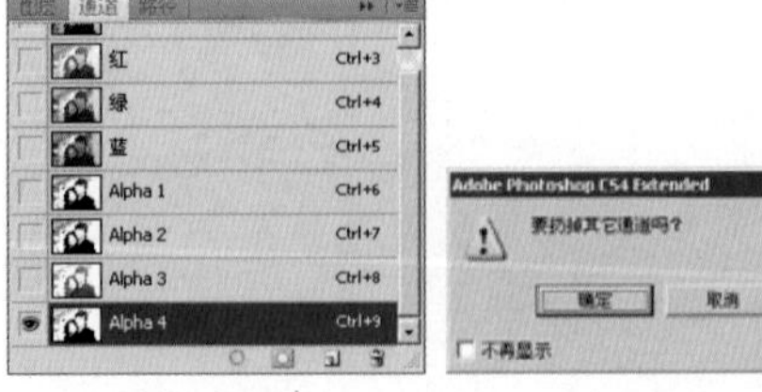

⑦ 将图像转换成“灰度”模式后，得到图像的最终效果，如下图所示。

强化质感

调整效果

原图效果

原图像色彩比较暗淡，图像中树木的质感不够强烈，本例通过“USM锐化”命令强化质感。制作重点是将图像调整好后执行“盖印”命令，然后应用“USM锐化”滤镜，具体操作步骤如下。

难易度

曲线 USM锐化

① 执行“文件”/“打开”命令，在弹出的“打开”对话框中选择随书光盘中的“素材 1”文件，图像及其图层面板如左图所示。

2）增强图像的反差。单击“创建新的填充或调整图层”按钮，在菜单中选择“曲线”命令，设置弹出的“曲线”命令对话框中的参数，如下图所示。

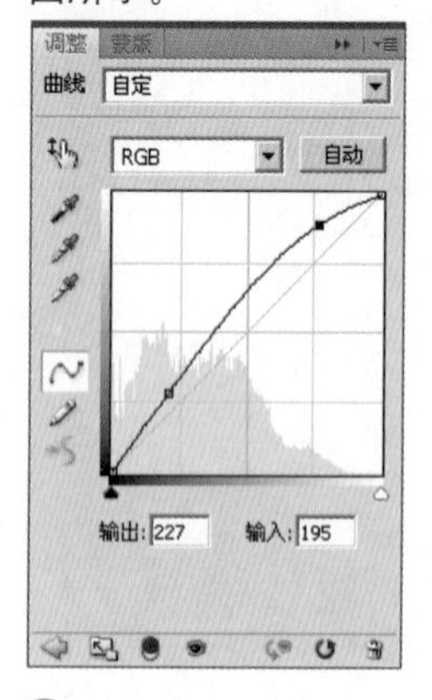

3）设置完“曲线”参数后，自动生成“曲线1”图层，图像反差增强了，效果如下图所示。

4）单击“创建新的填充或调整图层”按钮，在菜单中选择“色阶”命令，设置弹出的“色阶”命令对话框中的参数，如下图所示。

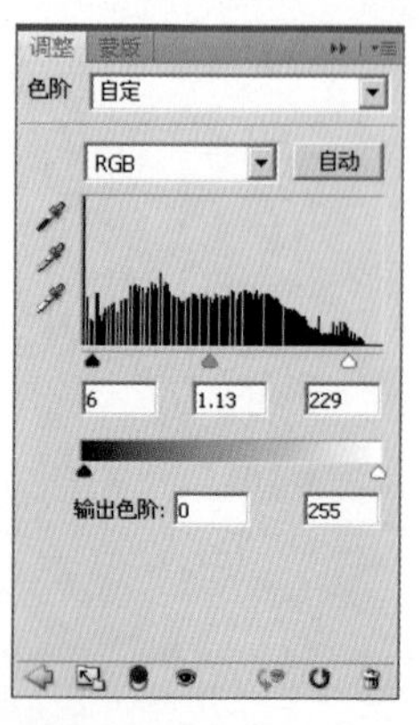

5）设置完“色阶”参数后，自动生成“色阶1”图层，图像及其图层面板如下图所示。

6）按【Ctrl+Alt+Shift+E】快捷键，执行“盖印图层”命令，得到“图层1”图层，效果如下图所示。

7）执行菜单栏中的“滤镜”/“锐化”/“USM锐化”命令，在弹出“USM锐化”对话框中设置其参数，单击“确定”按钮，得到图像的最终效果如下图所示。

原图锐化

调整效果

原图效果

难易度 USM锐化 

本例是将一张有点模糊的照片通过Photoshop软件进行锐化处理，得到较为清晰的效果。制作重点是“USM锐化”命令的应用，具体操作步骤如下。

1 执行“文件”/“打开”命令，在弹出的“打开”对话框中选择随书光盘中的“素材 1”文件，复制“背景”图层，得到“背景 副本”图层，如下图所示。

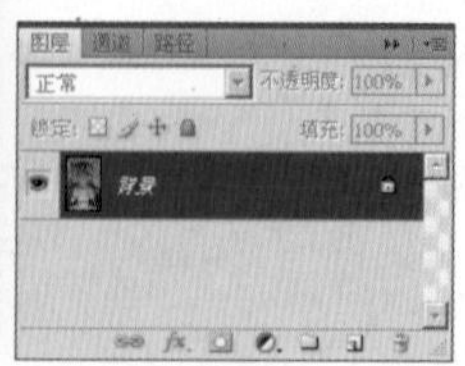

2 单击“创建新的填充或调整图层”按钮，在菜单中选择“色阶”命令，设置弹出的“色阶”命令对话框中的参数，如下图所示。

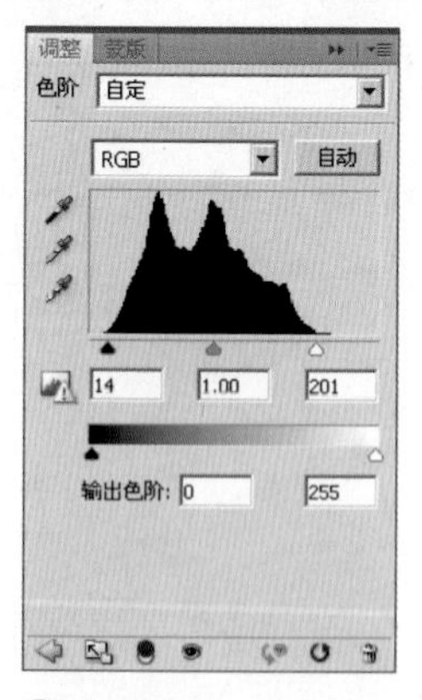

3 设置完“色阶”参数后，自动生成“色阶 1”图层，图像及其图层面板如下图所示。

4 调节图像的对比度。单击“创建新的填充或调整图层”按钮，在菜单中选择“曲线”命令，设置弹出的“曲线”命令对话框中的参数，如下图所示。

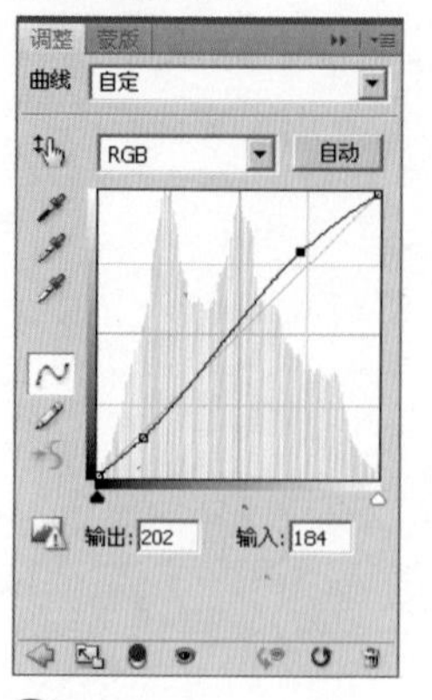

5 设置完“曲线”命令后，自动生成“曲线 1”图层，得到的效果如下图所示。

6 按【Ctrl+Alt+Shift+E】快捷键，执行“盖印图层”命令，得到“图层1”图层，效果如下图所示。

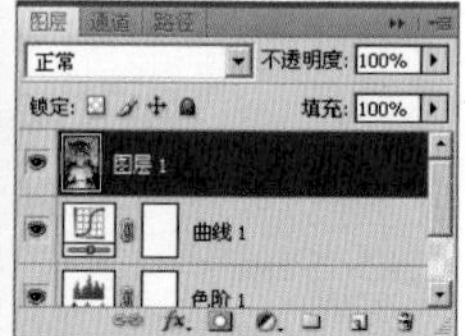

⑦ 执行菜单栏中的“滤镜”/“锐化”/“USM锐化”命令，设置弹出的对话框中的参数后，单击“确定“按钮，得到效果如下图所示。

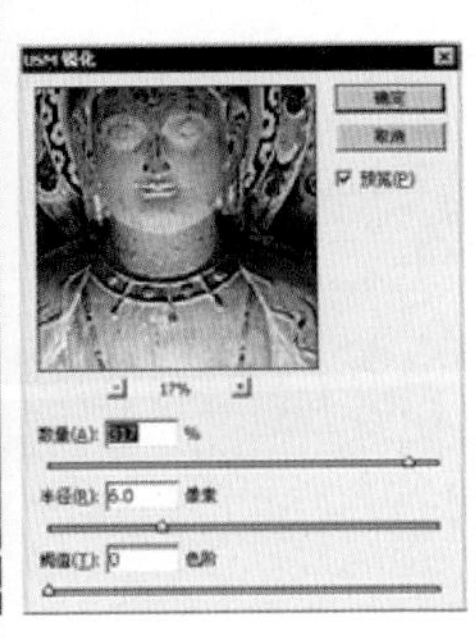

⑧ 单击“创建新的填充或调整图层”按钮，在菜单中选择“亮度/对比度”命令，设置弹出的“亮度/对比度”命令对话框中的参数，如下图所示。

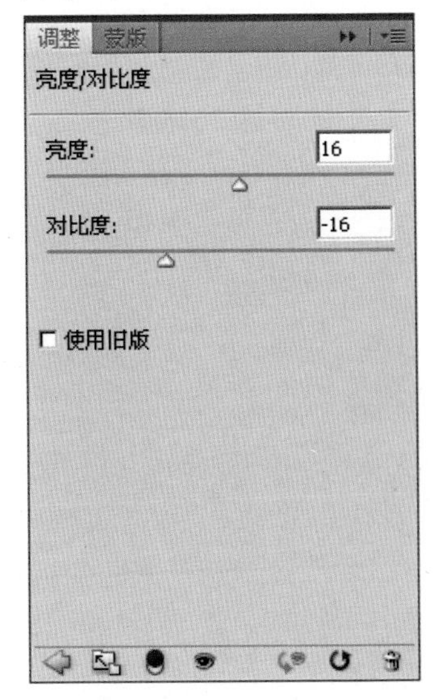

⑨ 设置完“亮度/对比度”命令后，自动生成“亮度/对比度 1”图层，但是我们发现画面的下半部分有点过亮，接下来需要对其进行修饰，效果如下图所示。

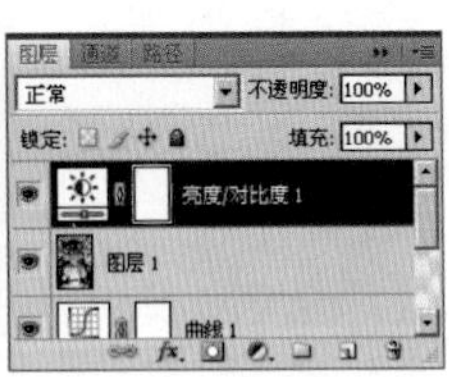

⑩ 单击工具箱中的“渐变工具”，设置默认的前景色和背景色，在工具属性栏中选择“前景色到背景色渐变”，如下图所示。

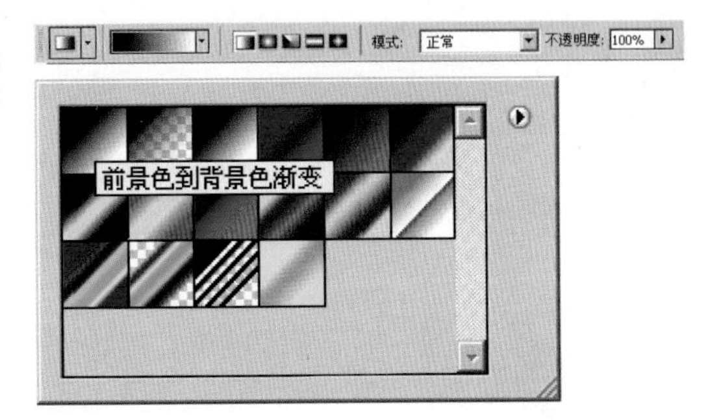

⑪ 在画面中间的位置由下至上拖动鼠标，拉出渐变，在蒙版的遮挡下图像的下半部分恢复了原来的影调，得到图像的最终效果如下图所示。

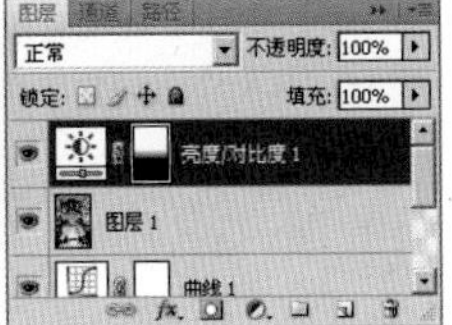

增强年代感

调整效果

原图效果

难易度 变化 纤维

本例是将普通照片进行旧化处理，增加照片的年代感，产生怀旧的效果。制作过程中主要运用“变化”、“云彩”、“纤维”等技巧，希望读者通过本例的学习能够做到举一反三。

1 执行“文件”/“打开”命令，在弹出的“打开”对话框中选择随书光盘中的“素材 1”文件，复制“背景”图层，得到“背景 副本”图层，如下图所示。

2 执行菜单栏中的“图像”/“调整”/“去色”命令，去掉图像的颜色，效果如下图所示。

3 执行菜单栏中的“图像”/“调整”/“亮度/对比度”命令，在弹出的“亮度/对比度”对话框中设置其参数后，单击“确定”按钮，得到的效果如下图所示。

4 执行菜单栏中的“滤镜”/“杂色”/“添加杂色”命令，在弹出的“添加杂色”对话框中设置其参数后，单击“确定”按钮，效果如下图所示。

5 执行菜单栏中的“图像”/“调整”/“变化”命令，在弹出的“变化”对话框中单击“加深黄色”，状态如下图所示。

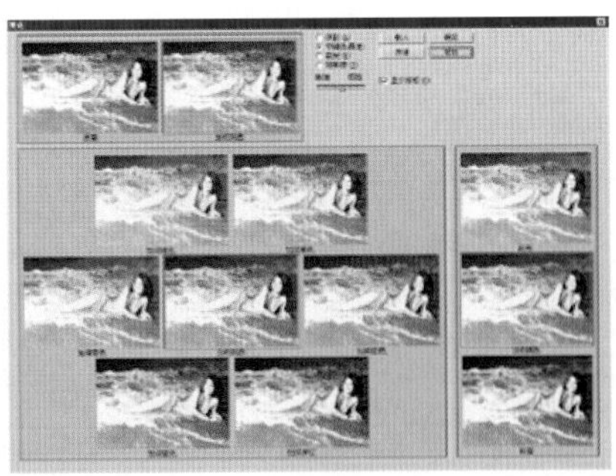

6 设置完成后，单击“确定”按钮，执行“变化”命令后图像的颜色发生了变化，得到的效果如下图所示。

⑦ 按【D】键使“前景色”和“背景色”恢复默认设置，新建“图层1”图层，执行菜单栏中的“滤镜”/“渲染”/“云彩”命令，得到的效果如下图所示。

⑧ 执行菜单栏中的“滤镜”/“渲染”/“纤维”命令，在弹出的“纤维”对话框中设置其参数，如下图所示。

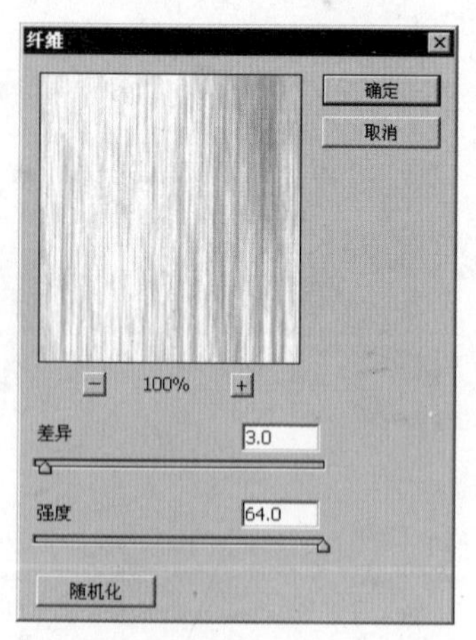

⑨ 设置完成后单击“确定”按钮，图像效果及其图层面板如下图所示。

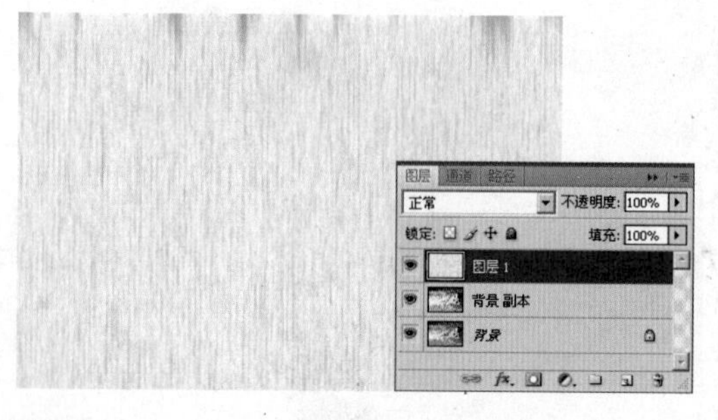

⑩ 选择“图层1”图层，将其图层混合模式设置为“颜色加深”，得到的图像效果如下图所示。

⑪ 单击“创建新的填充或调整图层”按钮，在菜单中选择“色相/饱和度”命令，在弹出的“色相/饱和度”对话框中设置其参数，如下图所示。

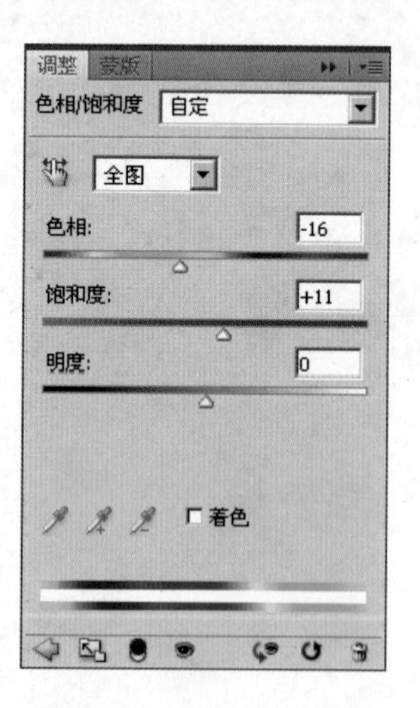

⑫ 设置完“色相/饱和度”参数后，自动生成“色相/饱和度1”图层，图像的最终效果及其图层面板如下图所示。